艺术设计与实践

网页配色与实战

安雪梅 编著

清华大学出版社
北京

内容简介

《网页配色与实战》为广大的网页设计师及色彩爱好者提供了便捷的设计方法与思路，帮助他们在最短的时间内快速掌握网站的规划、界面的设计及最佳的配色方案。

《网页配色与实战》从网页设计的基础、网页设计中的元素与空间、网页设计中图文的编排、色彩基础知识、网页配色与风格等几个方面展开介绍，并图文并茂地对网页设计与配色做了详细的分析与讲解，书中收集了大量国内外优秀的网页设计，希望可以启发设计者的灵感，供读者参考借鉴，为广大喜好网页设计的读者带来帮助。

《网页配色与实战》非常适合网页设计师及网页设计爱好者使用，也可以作为相关专业的教材和辅导用书。

图书在版编目（CIP）数据

网页配色与实战/安雪梅编著．—北京：清华大学出版社，2016
（艺术设计与实践）
ISBN 978-7-302-43361-3

Ⅰ.①网…　Ⅱ.①安…　Ⅲ.①网页-制作-配色　Ⅳ.①TP393.092

中国版本图书馆CIP数据核字（2016）第074875号

责任编辑：陈绿春
封面设计：潘国文
责任校对：徐俊伟
责任印制：宋　林

出版发行：清华大学出版社
网　　址：http://www.tup.com.cn，http://www.wqbook.com
地　　址：北京清华大学学研大厦A座　　邮　　编：100084
社 总 机：010-62770175　　邮　　购：010-62786544
投稿与读者服务：010-62776969，c-service@tup.tsinghua.edu.cn
质量反馈：010-62772015，zhiliang@tup.tsinghua.edu.cn

印 装 者：北京亿浓世纪彩色印刷有限公司
经　　销：全国新华书店
开　　本：185mm×260mm　　印　　张：9.5　　字　　数：363千字
版　　次：2016年8月第1版　　印　　次：2016年8月第1次印刷
印　　数：1～3500
定　　价：39.00元

产品编号：062743-01

前言

PREFACE

网上冲浪几乎成了我们现代生活每天不可缺少的一部分，然而在众多的网页浏览中，有几个能给你留下深刻印象呢？当然，那些有着奇思妙想和独特风格的网页自然会更吸引我们的眼球，给我们带来更多的启示和审美愉悦。这其中，网页设计与配色可以说起着决定性的作用，除了要有科学合理的网站规划与定位外，网页设计的风格与配色也不可小觑。一个好的网页应该有自己的个性和风格，能够方便快速地引导读者浏览所需要的页面，查找所需要的内容。

网页设计可以说是一个技术与艺术的综合体。它是网站技术、色彩知识、平面设计中的版式设计和字体设计等多方面知识的融合。现在制作网页的软件有很多，在网页制作的技术要求上会降低难度，但是要做好网页设计，并不是单纯选用漂亮的配色就可以了，而是要根据网站的设计构思，创意出符合主题风格的配色，快速明了地传达出网页所要宣传的主题内容，通过色彩直接感染和熏陶浏览者，留给读者深刻的印象。当然，网页设计的用色也是需要经过深思熟虑的，每个人的色彩感觉天生是不一样的，但是我们可以通过后天的训练和学习，逐渐培养色感和提高配色水平。每种色彩都有自己独特的个性和意义，我们要调配出大家都可以认知和理解的色彩，确定色彩是否符合网页主题风格， 这样设计出的网页色彩更容易为读者所接受。这本书的主要内容就是网页设计与配色，从网页设计的基础知识、网页界面组成与空间处理，到网页设计中文字与图片的处理、色彩基础知识，再到网页配色与风格的设计，由浅入深地介绍相关的理论知识和设计实践案例。

本书提供了多个优秀设计网页图例，结合自己在教学实践设计中的一些体会，对网页的设计与配色进行了细致的讲解。如果对本书有任何意见或者建议，请联系陈老师chenlch@tup.tsinghua.edu.cn。

作者

目录

CONTENTS

第 1 章 网页设计概论

第 2 章 网页界面的组成部分与空间处理

第 3 章 网页设计中文字与图片的处理

目录

CONTENTS

目录
CONTENTS

第 5 章 网页配色与风格

附录

第1章

网页设计概论

主要内容：

本章主要讲授与网页相关的基础知识、网页设计的准则与创新，以及网站的筹划与定位等内容。

重点、难点：

本章重点是网页设计的基础知识，包括网页的界面设计及基本构成元素、网页信息的表现类型，并掌握网页设计的准则与创新；难点是如何制作出一套规范的网页设计筹划与定位。

学习目标：

通过对网页相关知识的了解，要求能够对一个主题网站的筹划与定位进行初步了解，对其筹划阶段、导航、网站风格类型以及定位有所把握。

1.1 网页设计基础知识

网页设计是艺术与技术的结晶。它不仅仅包含了"美"，同时也拥有了"功能"，是能够完成人与机器之间交流的界面。短短十几年里，网页设计已经产生了广泛的影响，也称得上是一门很具有挑战性的热门设计。

图1-1 GreenPAK 网页设计

1.1.1 网页设计的概念

网页是网站中的一页，是构成网站的基本元素。它能够起到人与人之间信息沟通的作用，也可以是企业向用户和网民提供信息（包括产品和服务）的一种方式（如图1-1～图1-3所示）。

如今网络已经成为很普遍的工具之一，无论是查阅资料还是人与人之间的交流都可以用到它。网页的内容很多，我们要根据主题内容的需要对其界面进行设计，在网页设计的时候，要考虑到用户的需求，减少用户的记忆负担，保持界面的一致性。设计的时候可以从以下两点出发。

图1-2 蔬果宣传网页设计

图1-3 PORFIX网页宣传设计

1. 用户界面设计

用户界面设计分为结构设计、交互设计、视觉设计3个部分（如图1–4～图1–7所示）。

（1）结构设计：是网页界面设计中的骨架，通过对网页内容及用户群的分析与研究，制作出整体结构。设计时要以用户为中心，设计内容及构思要以便于用户理解和操作为前提。这样，用户在使用界面的时候才能够得心应手。

（2）交互设计：交互顾名思义就是互相交流，网页设计是人与机器之间的交互工具，网页能够给人们提供产品或服务等信息。因此，交互式设计的目的是简单易懂，便于用户使用。交互设计有几个注意事项，这里简要地说明一下。

① 语言易懂，便于理解。

② 查阅信息和阅读信息要方便简洁。

③ 界面中有清楚的“登录”“完成”“下一步”这样的选择性提示。

④ 便于退出，无论是手机中的网页界面还是电脑上的网页界面都应该提供多种退出方法，以便于用户选择。

⑤ 提供快速反馈，这样可以降低用户在使用的时候出现焦虑情绪。

⑥ 导航中的内容可以简单快速地进行切换。

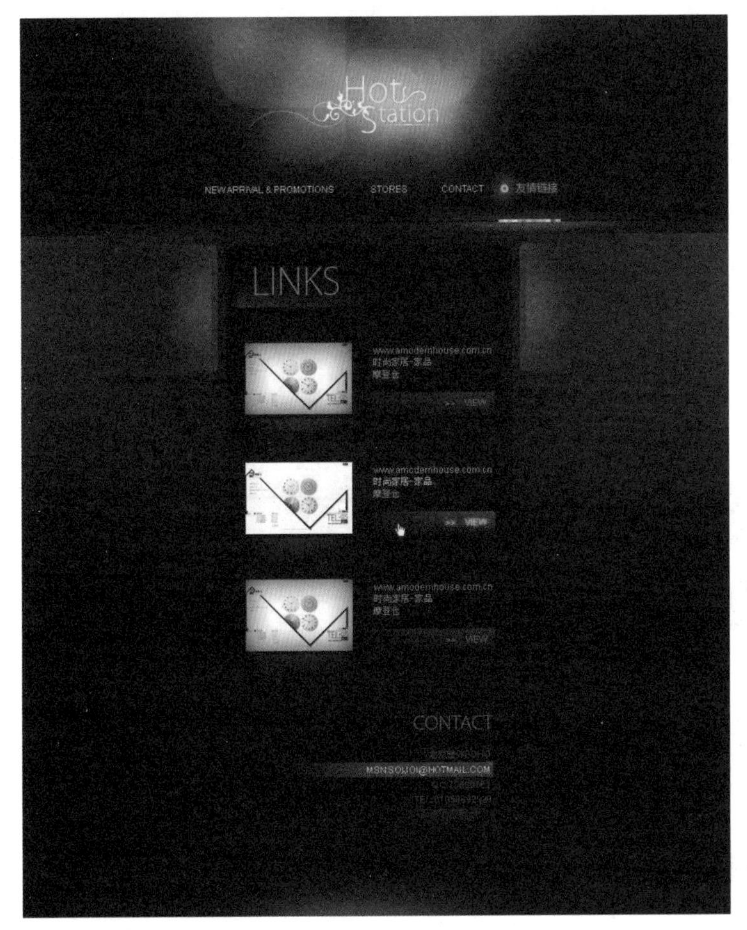

图1-4　友情链接网页设计

图1-5　旅游宣传网页设计

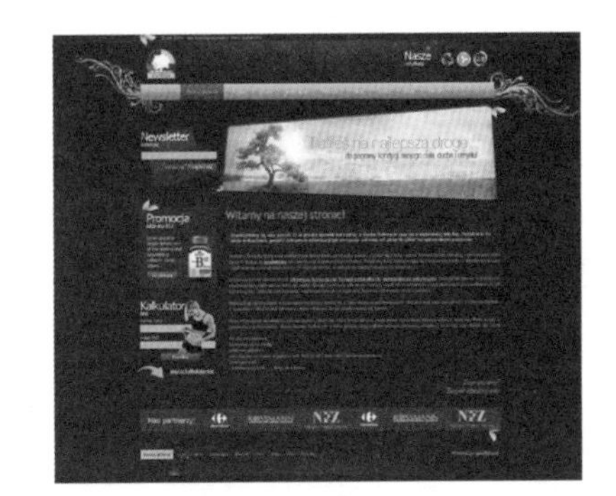

图1-6　减肥药网页宣传

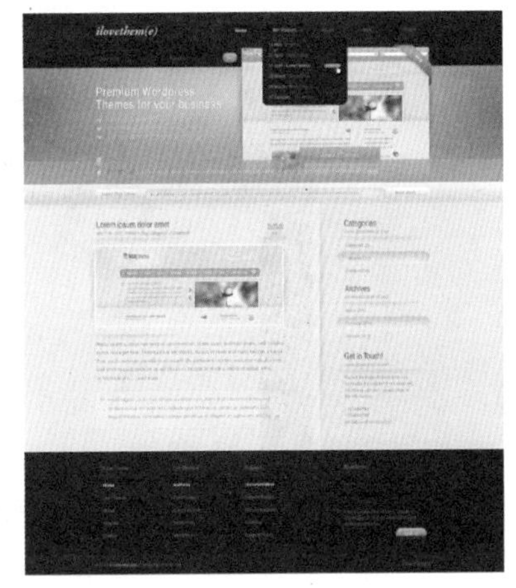

图1-7　服务网页设计

(3)视觉设计：视觉设计的主要目的是为了吸引用户，起到美观的作用。在完成视觉设计的过程中，颜色、字体、布局是必不可少的因素。另外，在设计的同时，也要考虑到网页所针对的人群是否能够接受这样的视觉效果，要参照目标群体的心理模式进行视觉设计。

- 界面的用色通常不要超过5个色系，否则画面会显得凌乱；内容要与颜色挂钩，近似的颜色应表达相同层次的意思。
- 界面给人感觉要清晰明了，文字与图片及布局要条理清晰，内容表达要明确。
- 在引导用户视觉的时候，可以尽量使用图形而非文字，因为图形比文字更容易使人记住。
- 界面协调统一，阅读指示符号要根据人们的阅读习惯设计。

2. 网页界面的设计

网页界面设计是由色彩、文字、图像、符号等视觉元素及多媒体元素构成的，是可以向人传达出特定信息的一种媒介。网页设计一般以功能性为主要原则，其次考虑到实用性与美观性等等（如图1–8和图1–9所示）。

在网页界面设计中图文是必不可少的，这些视觉元素不仅包括：背景、文本、按钮、图标、照片、颜色、导航等，而且现在网页中还添加了音频、视频等视听觉元素，所以在网页设计中要考虑

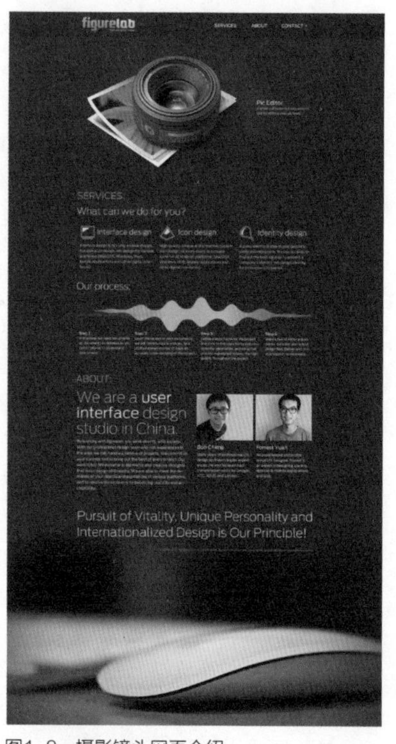

图1–8　摄影镜头网页介绍

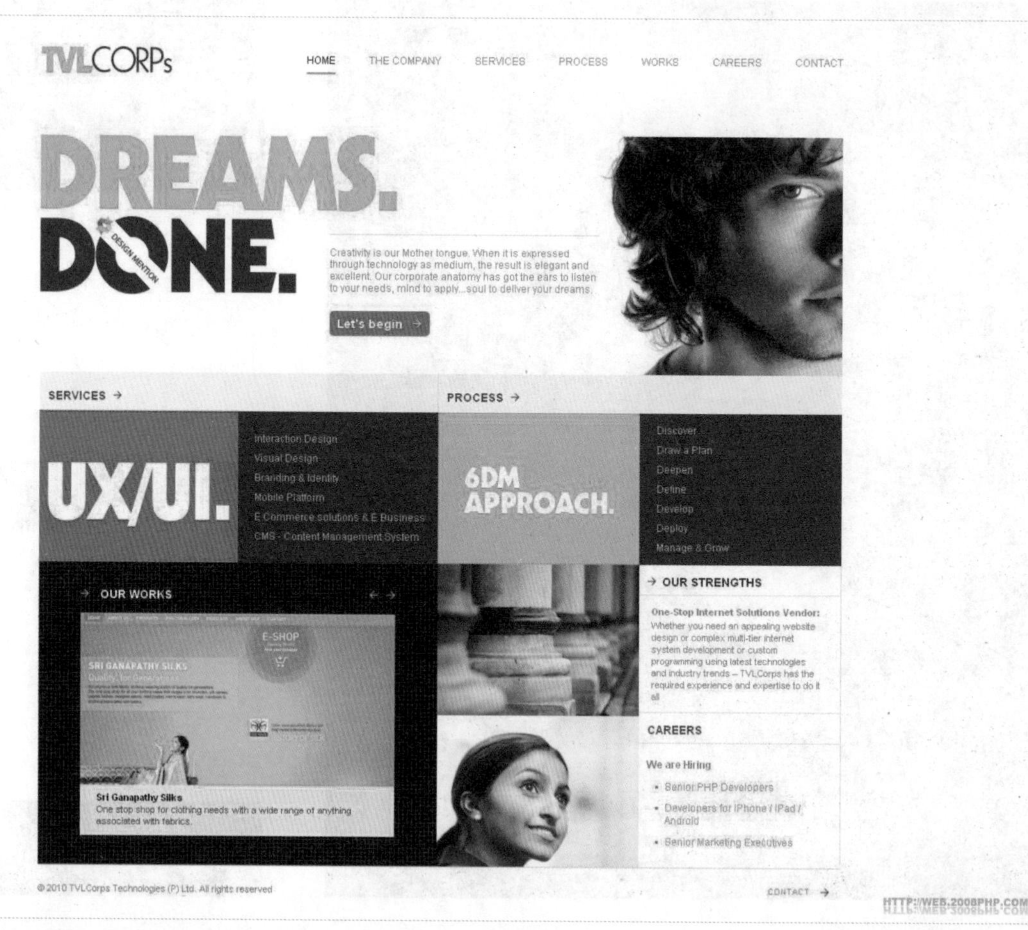

图1–9　图片拼接网页设计

到如何合理而巧妙地利用视听元素，从而达到吸引人群、传播信息的效果。

在网页的版面布局中，首先要考虑内容的摆放是否合理，如何才能让用户浏览到更多的内容。在布局时，版面不能太过拥挤，要有适度的留白。版式的布局与其他设计一样，都是在有限的空间中将信息最有效地传播出去，在传播信息的同时给人产生视觉与精神上的享受（如图1−10～图1−13所示）。

图1−11　可爱的卡通风格网页设计

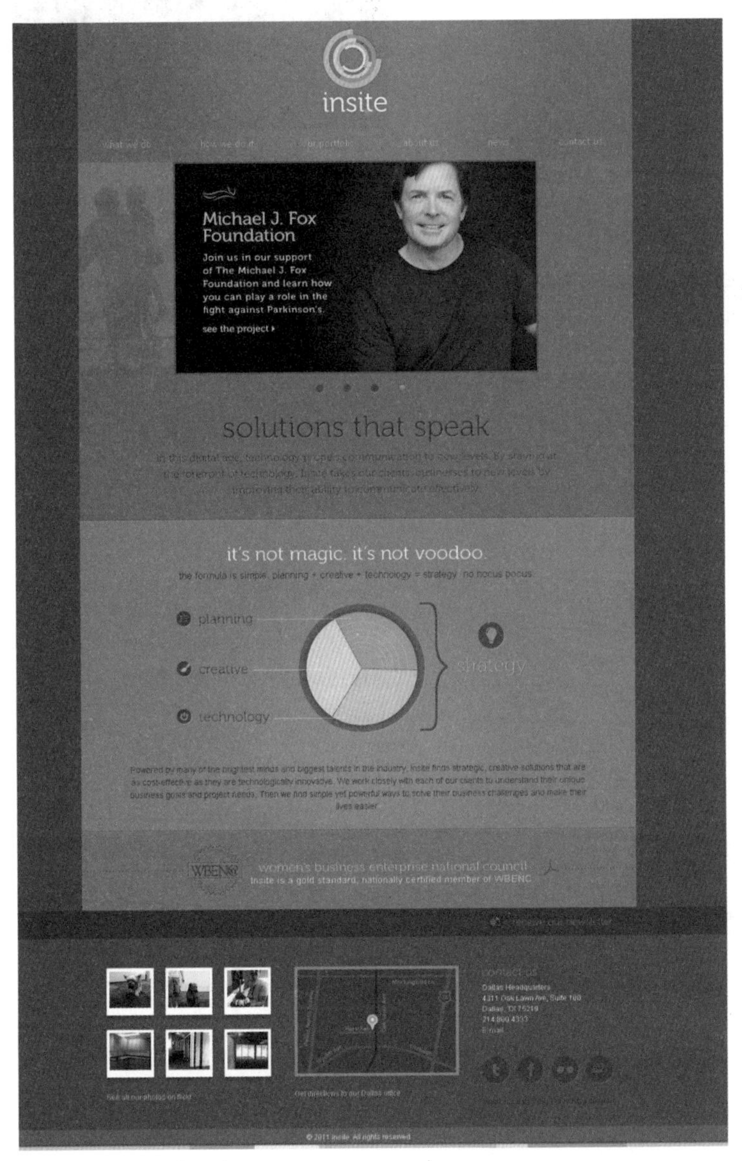

图1−10　简易的导航设计

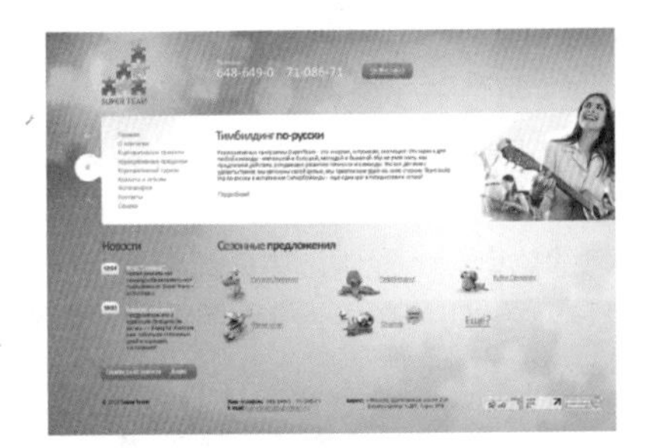

图1−12　国外创意网页设计

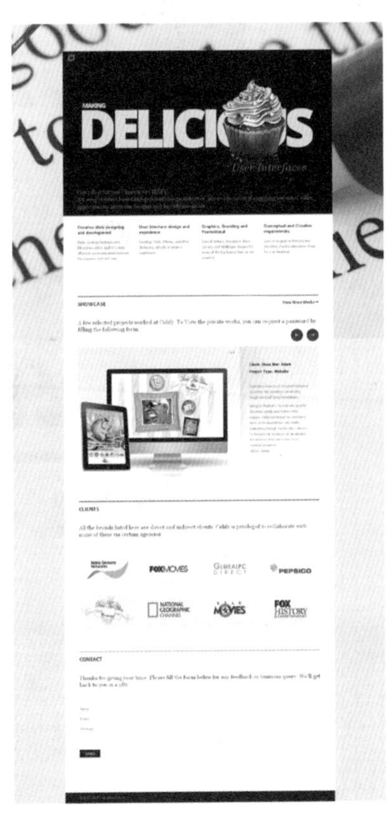

图1−13　黑白搭配的网页设计

1.1.2 网页设计界面的基本构成元素

网站界面中的基本构成要素包括文本、静态图像、动画、表单。下面简单介绍一下每个要素。

1. 文本

网页中的内容主要以文本的形式展现给读者，文本的形式由字号、颜色、底纹、边框等方式来区分。网页中大标题、小标题及正文、图注的字号要有区别。一般正文使用9号字体，最大不超过12号，因为过小或过大的字体会导致用户在阅读文字时产生视觉疲劳。在颜色上，则不宜使用过多的色彩，否则界面会显得较为凌乱，也不利于用户阅读。另外在底纹与边框的使用上，也应该稍加注意，只对需要强调的文字加上底纹或者边框就可以，过多便容易分不出主次，还会影响界面的美观（如图1–14～图1–17所示）。

2. 静态图像

网页中，图像可以美化和丰富页面，一幅好的图片直接影响到界面的美观。在选择图片的时候要选择色调与界面相符的图片，网页中图片也不能太多，否则会影响网页的打开速度，降低浏览者查阅信息的效率。一般网站中的图片会用以下几种。

图1–15 图片为主体的网页设计

图1–16 CARGO 宣传网页设计

图1–17 网络介绍的网页设计

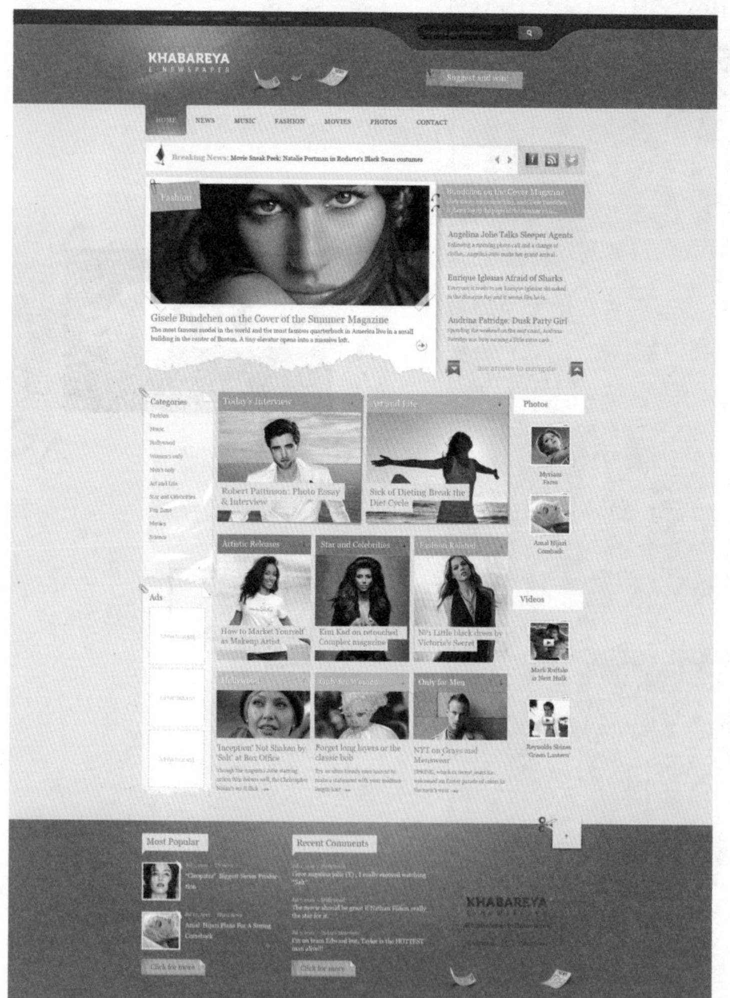

图1–14 图片欣赏网页设计

（1）标志

标志代表着一个企业、品牌的形象，标志图片可以放在引人注目的地方，比如左上角。这样用户会首先注意到标志，从而对这个品牌、企业加深印象。另外标志的图形设计一定要个性突出、简单明了。

（2）横幅图像

横幅图像大多数是用来做宣传的，宣传某个内容的专题或者是某个活动的广告。这样的画面具有很好的宣传效果。

（3）背景图像

页面中还会用到背景图，但是背景图不是很好掌握，添加得好会给页面带来不错的效果，反之会影响网站整体的画面风格（如图1–18～图1–21所示）。

3. 动画

动画的应用很广泛，虽然动画的制作比较复杂、预算也会比较高，但是效果较好，相对于文字与图片来说，更容易抓住用户的眼球。

图1–18　凸显标志的网页设计

图1–19　以图片为背景的网页设计

图1–20　网格布局的网页设计

图1–21　图片阅览的网页设计

4. 表单

表单是用来收集访问者信息的域集。访问者填表单的方式包括输入文本、单击单选按钮与复选框等。在填好表单后，站点访问便会发送出所输入的数据，该数据会被网站所设置的表单程序以各种不同的方式处理。

1.1.3 网页的信息表现类型

1. 检索型

检索型的网页，以文字信息为主体，图片比较少，一般只使用按钮和图标就可以了。文字居多会增加网页的新闻性，但会影响网页的阅读效率，也需要考验访问者的耐心（如图1−22所示）。

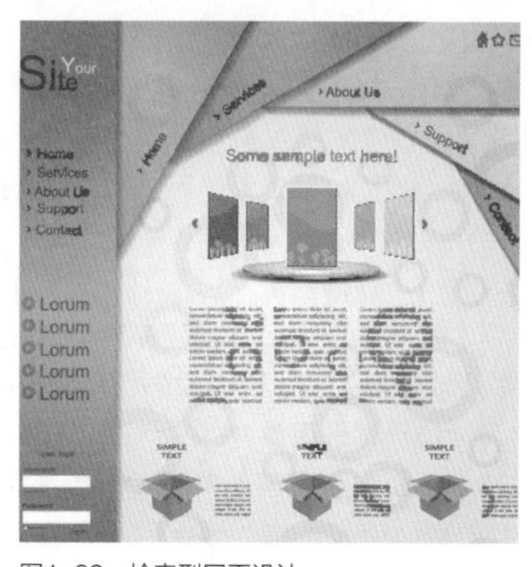

图1−22 检索型网页设计

2. 均衡型

均衡型的网页，一般网页增加了一些图形要素。文字与图片的比例为2：1，这样的页面在视觉上不会给人压迫感，反倒看起来轻松愉快（如图1−23所示）。

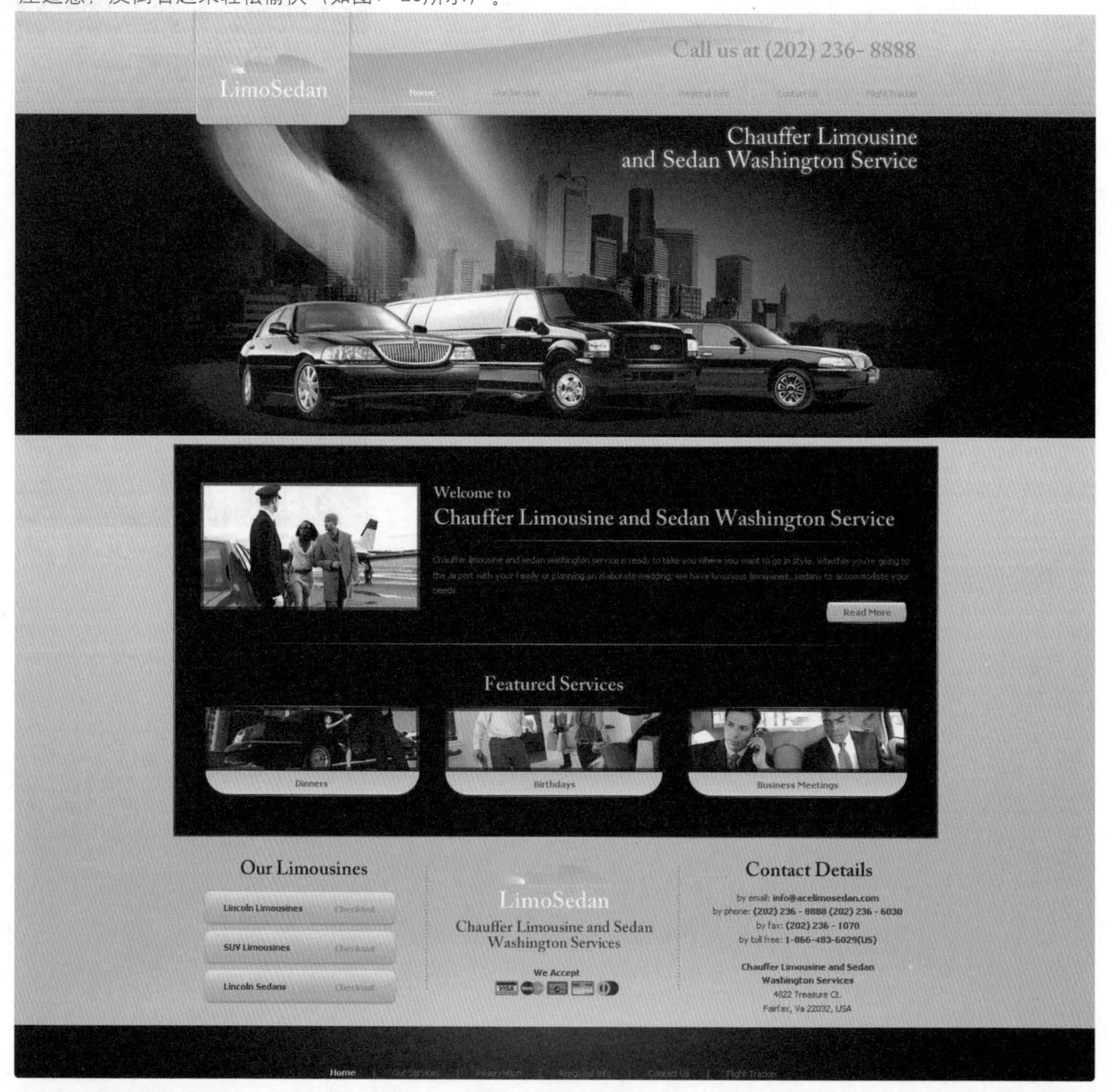

图1−23 均衡型网页设计

3. 印象型

印象型的网页以照片为主，减少了文字信息，传递信息较为直接。这样的网站会给人比较安静、独特、自我的视觉印象，个性比较突出（如图1−24所示）。

图1−24　印象型网页设计

4. 超印象型

超印象型的网页，一般文字内容会比较少，最大限度地展现出网页给人的魅力印象。以图片、颜色和空白作为页面的主题，画面的视觉性最强。这样的网页对页面的布局要求会比较高，页面中的图像信息要尽量传递出网页的主题（如图1−25所示）。

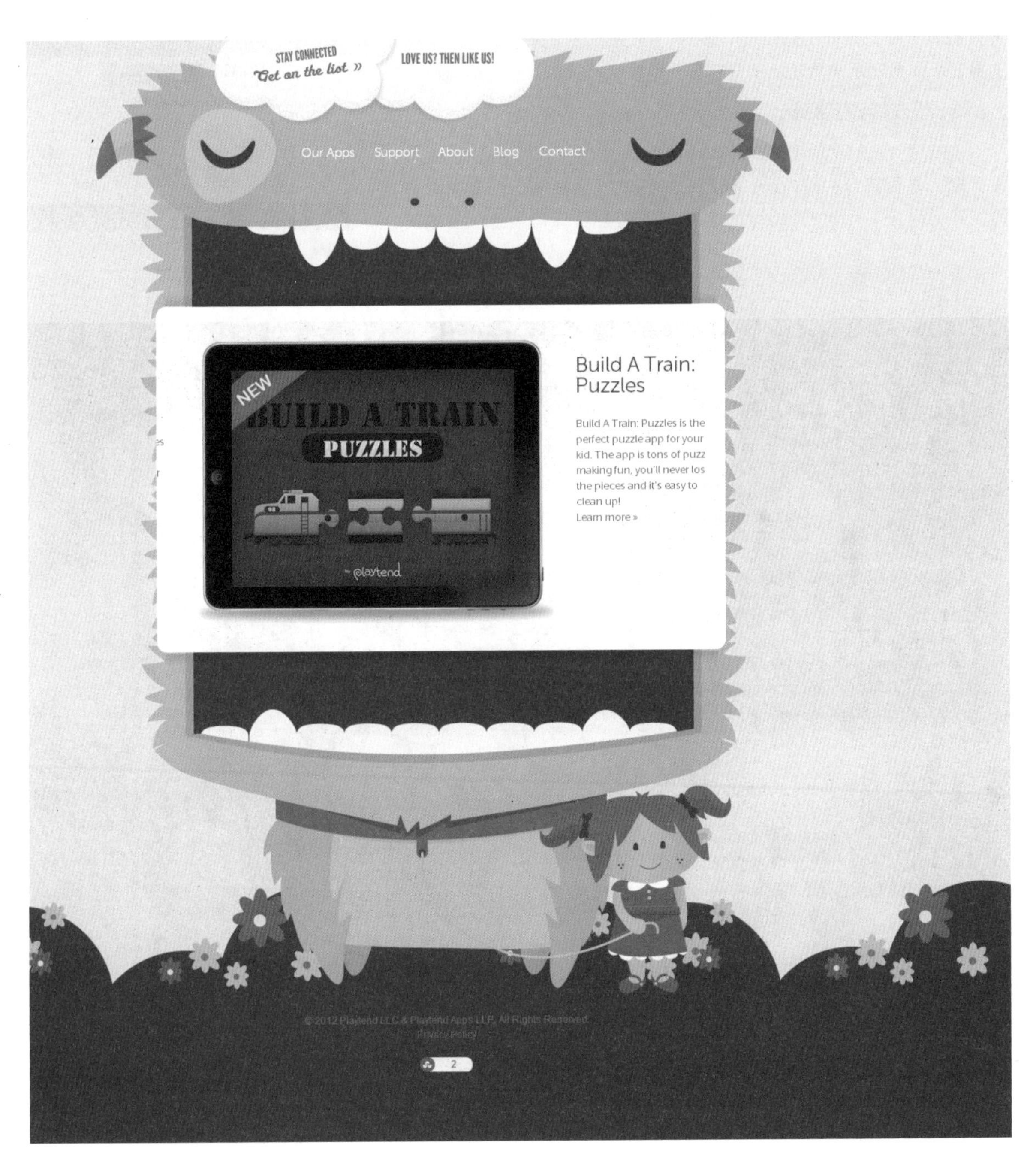

图1−25　超印象型网页设计

1.2 网页设计的准则与创新

1.2.1 网页设计的准则

网页设计要求形式与内容一体，在展现内容的同时能够吸引用户的目光（如图1-26和图1-27所示）。虽然网站的风格多样、主题也不尽相同，但也要遵循一定的设计准则，如下所述。

1. 主题鲜明

在视觉上，主题鲜明的网站更加容易吸引访问者的目光，容易为大家所接受。设计的网页要有条理，突出重点，分清主次，这样的界面可以帮助用户清晰地浏览内容，提高阅读效率。

2. 形式与内容统一

我们在设计网页时，除了考虑美观因素外，还应当注意网页设计形式是否符合主题内容。网页设计形式既要简洁，又要突出主题内容。网页中元素的添加也一定要与主题内容保持一致，多做减法，少做加法。

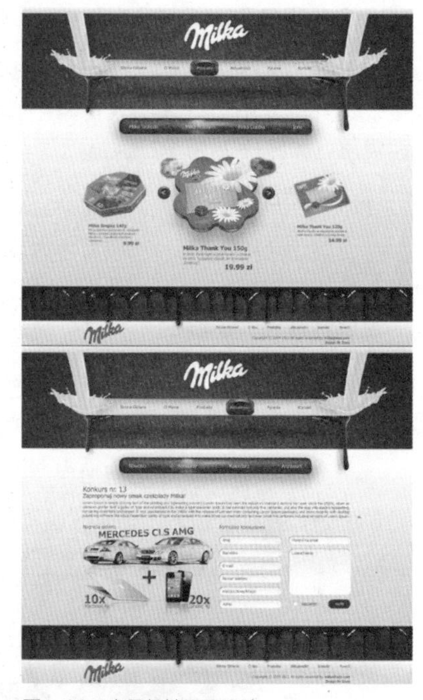

图1-26 产品促销网页设计

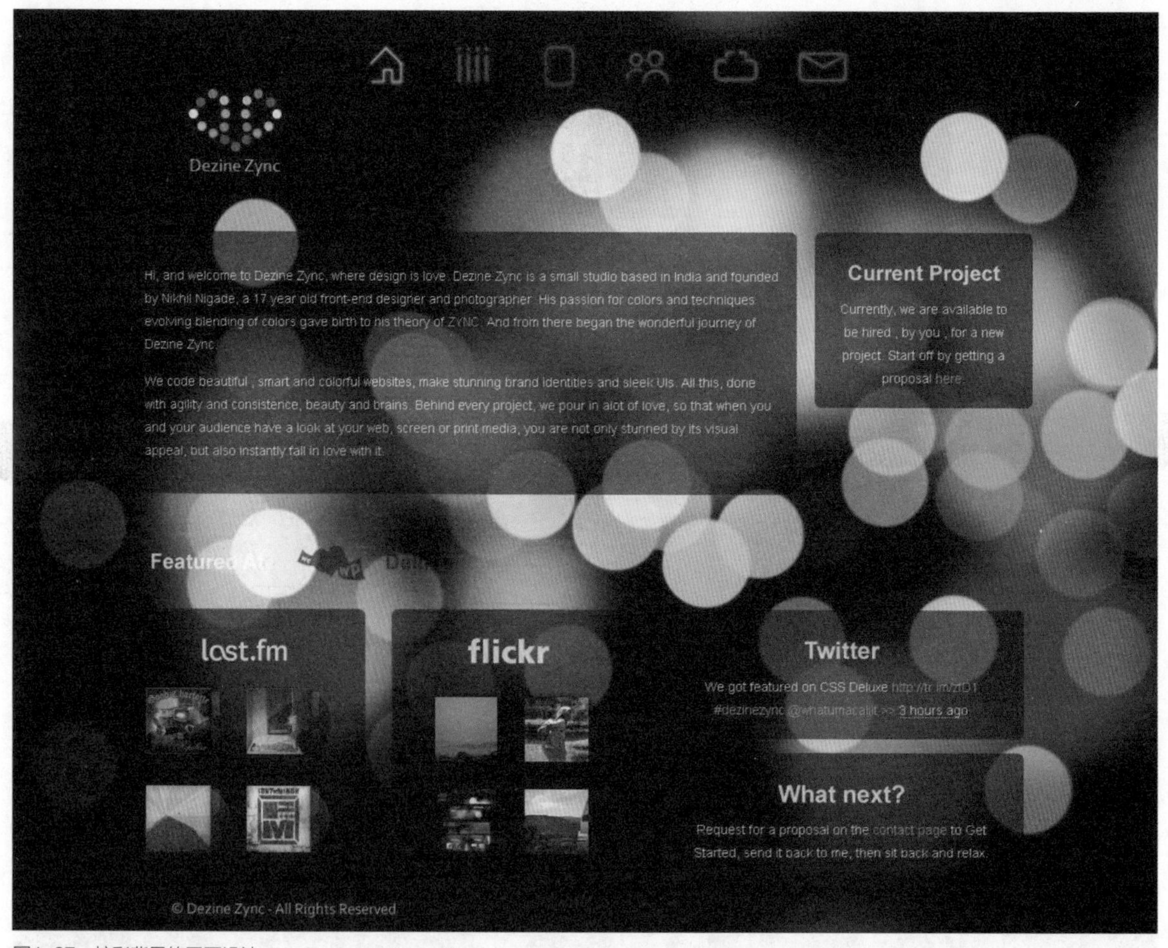

图1-27 炫彩背景的网页设计

3. 强调整体

网页在设计的时候要强调整体性，包括内容与形式，以及风格上的整体性。具有整体性的网页更便于用户快速、准确、全面地了解。

1.2.2　网页设计的创新

随着网络的日益发展，人们对网页的要求也是越来越高，同时网络拥有了交互性、持续性、多维性、综合性等多种性质，所以在网络设计上会稍微有些复杂。但正因为如此才有更多的人尝试网页设计，从而有不断的创新与突破。

网页设计是技术与艺术创意的综合体，网页设计已经从单纯的平面设计发展到立体设计，内容上也从文字、图片扩展到动画、视频、音频，人们也不再只是简单地浏览文字内容（如图1–28～图1–30所示）。

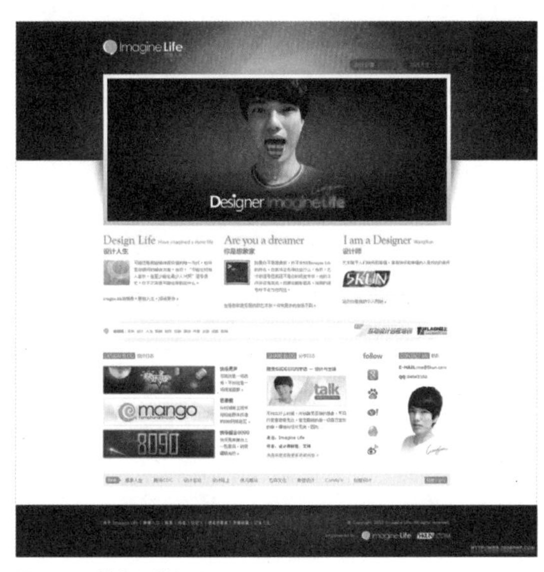

图1-28　艺术设计网页

图1-29　个人主页设计

图1-30　网页欣赏的网页设计

1.3 网站的筹划与定位

现在的网站已经不是之前那样简单地将页面串接起来就可以了，如今的网站不仅需要丰富的图文内容，还需要详细周密的计划，其设计、链接、发布等更为复杂。所以，创建一个好的网站是一个极具挑战的大工程（如图1–31～图1–34所示）。

1.3.1 网站整体筹划

网站筹划是个很复杂的过程。随着时代的发展与网络技术的突飞猛进，网站的内容及个性也丰富多样了起来，但无论是内容还是风格，都要以满足用户的需求为主要目标，来进行规划设计。我们首先要给网站定位和确定传播的内容，再筹划创建界面等。网站整体流程主要分为计划、开发、测试及维护。

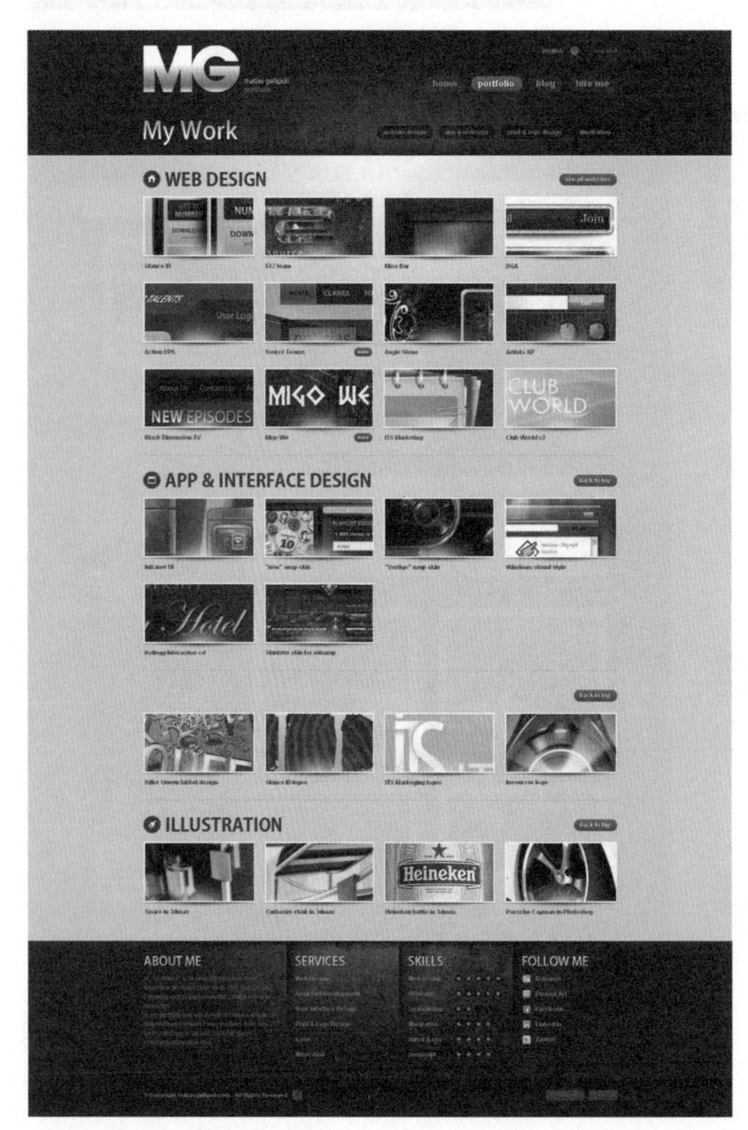

图1-31 照片集为主题的网页设计

图1-32 TechEd 网页设计

图1-33 INTRACE 网页设计

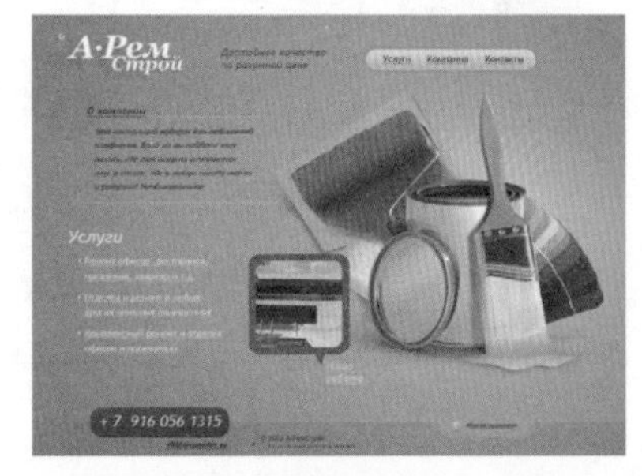

图1-34 粉刷材料的网页设计

1. 计划阶段

计划阶段首先要确定网站页面、内容、功能，还有针对用户的分析、网站的计划与建议。

2. 开发阶段

开发阶段是对网站内容与页面的设计。这是一项显现技术与艺术的阶段，不仅要熟练网站制作的操作，还要将网站页面设计得美观大方，易吸引用户关注。同时还要满足客户的一些特殊要求。网页在具体设计制作开发阶段可以从以下几方面考虑。

（1）用户分析

为了减少网站建设的失败风险，在建设前要对网站的目标和需求进行一个基本的估量。对在网站设计中所遇到的问题和达到的目标能够有一个清晰的概念。在进行网站需求分析中，首先要考虑的是用户——用户是网站的使用者，了解用户的需求、理解用户的愿望，才能够为网站设计提供依据和参考，使得网站设计更加适合各类用户的使用需求（如图1–35～图1–38所示）。

（2）内容组织

明确网站内容，要知道网站中文本、图像、动画及影像等内容在页面中占据的比例是多少，以及起到什么样的作用。

图1-35　笔记本样式的网页设计

图1-36　产品促销的网页设计

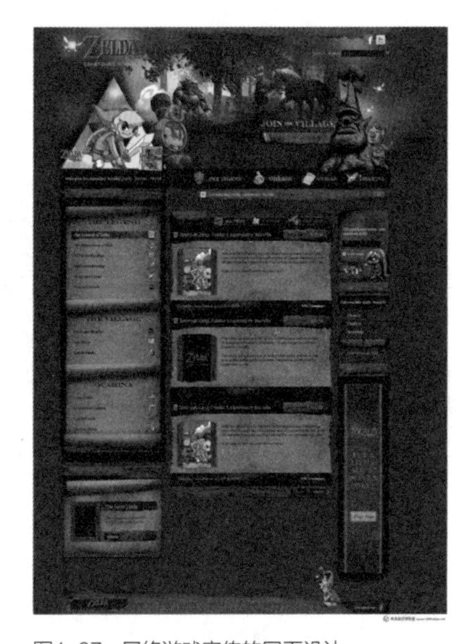

图1-37　网络游戏宣传的网页设计

图1-38　小游戏的网页界面

我们可以先勾勒出站点的草图，将客户需要显示的内容信息布局，理清页面与页面之间的直接关系。其次对网页的整体结构进行设计，不仅页面要求美观，结构也要清晰、内容也要明确，还要便于用户使用，令用户能够快速准确地找到自己所需要的内容。

（3）风格定位

在了解网站类型后，应确定网站界面的整体风格，不同类型的网站其设计风格也不一样。搞清楚内容，明确定位，这样在设计界面的时候，颜色、字体、图形都会有个大致的范围要求（如图1－39所示）。

3. 测试阶段

测试阶段是对网站外观、内容、功能、系统及浏览器的测试。修改网站中的错误链接与程序，一步步进行测试修改，做到运转正常，才能进行发布。

4. 维护阶段

维护阶段是网络技术人员与设计人员对网站运行中出现的问题进行维护，以保证网络内容与链接能够及时更新。

图1-39　生态园林的网页介绍

1.3.2　导航设计

网站中的导航功能就是指引用户迅速有效地查阅到自己需要的内容，并且可以快速地切换页面，跳跃浏览。所以在设计导航的时候要考虑到用户的需求，从而设计出有效的信息指引（如图1—40和图1—41所示）。

图1-40　沙发宣传的网页设计

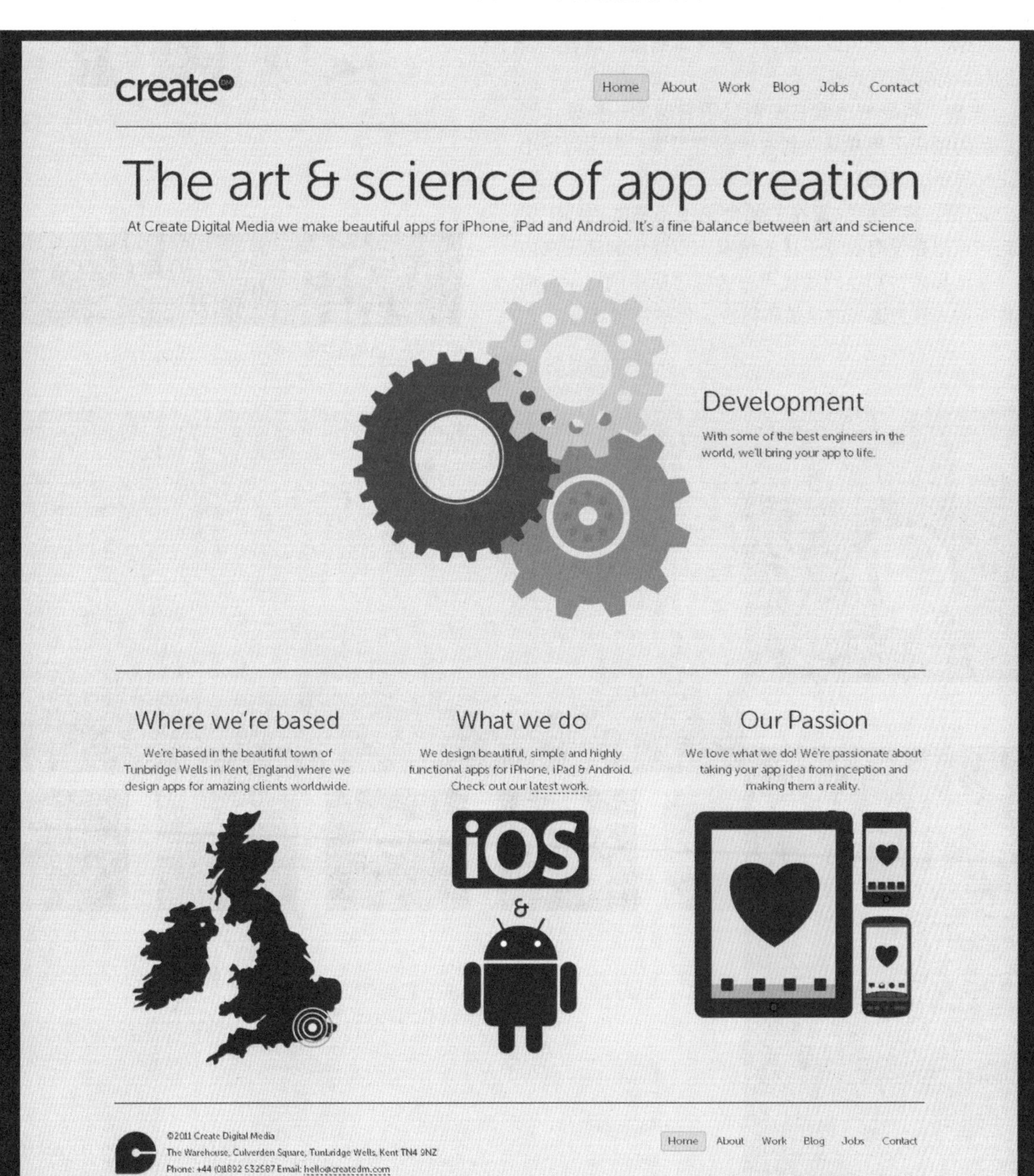

图1-41　创意网页设计

1. 导航的位置

导航的位置取决于网页的风格和形式。导航放置的位置有5种，分别是顶部、底部、左侧、右侧、中心（如图1–42和图1–43所示）。

顶部：大多数网站都是将导航放置在页面的顶部，这样能最先将元素展现给用户，而且人们在浏览网站的时候都是习惯采取从上往下的浏览顺序，所以将导航放在页面顶部是个很好的选择。

底部：通常情况下，很少会将导航放在底部。因为导航元素需要在用户滚动页面的时候才能全部显示出来。底部的位置更加适合放置一些文本链接，或者是公司的品牌标志和宣传等。

左侧：将导航放置在左侧是很普遍的一种设计形式，因为顺应了用户从左到右的浏览习惯，但同时缩小了正文显示的空间。

右侧：将导航放置在右侧也是很不错的选择，因为用户可以在没有视觉干扰的情况下专注地阅读正文内容。在选择内容切换的时候再去选择导航中的指示，但是也有些人认为这样的摆放不符合人们的视觉流程。

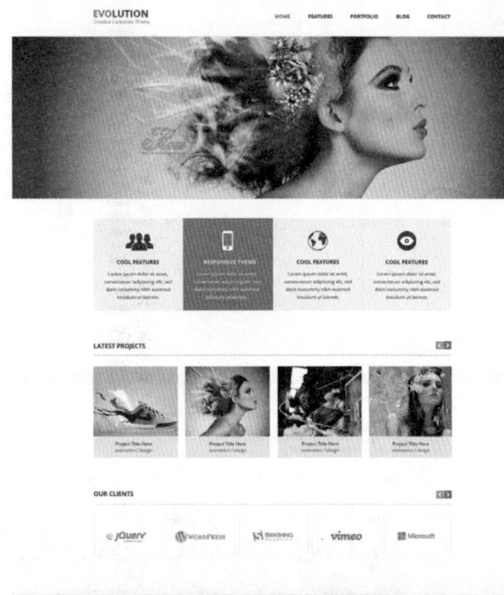

图1–42　创意造型网页设计

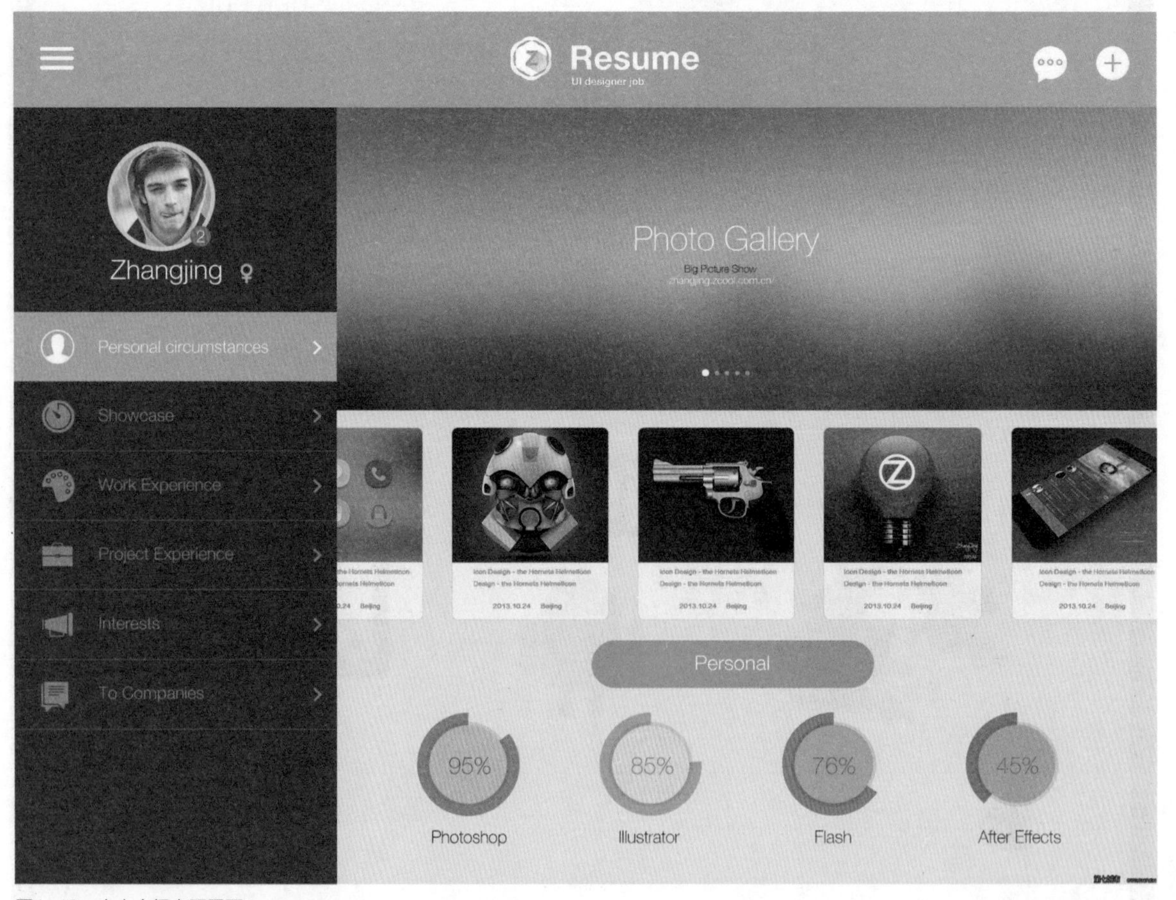

图1–43　个人介绍主页界面

图1-44　趣味性网页设计

中心：一般来说，只有网站的首页才会将导航放置在页面中心，其主要目的在于强调导航。这样可以让用户更好地选择，快速进入需要浏览的页面中。另外导航放置在中心，不仅增加设计感，同时也能够迅速捕捉人们的视觉，让用户对导航元素及网站留下深刻的影响（如图1–44～图1–46所示）。

2. 导航的风格

无论导航在哪个位置上、所用形式是什么样的，都需要与网页的整体风格相一致。如果导航栏都不一致，那么用户在浏览信息时便容易产生混乱，在功能上也会表达不清。

图1-45　简洁风格的网页设计

图1-46　网页互动界面

1.3.3 Web的定位

Web可以分为不同专题的网站，有娱乐性的、商业性的、教育性的、综合性的等。不论是哪种类型的网站都应该以满足用户为前提来进行规划设计。网站的定位其实就是以用户的需求来定位，只有真正满足用户需求的网站，才能很好地与用户进行交互（如图1–47和图1–48所示）。

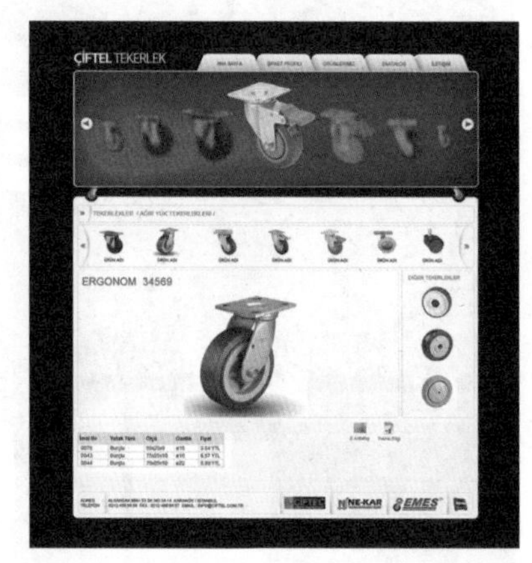

图1–47 滑轮的网页介绍

1. 网站的类型

网站的类型可以分为交互型、静态型和动态型3种。

（1）交互型

交互型的网站是最为直接的类型，能够直接将内容展现给用户，让用户浏览到全部的内容，从而进行交流。用户是可以对其外观、内容自行添加改动，人与人之间也可以通过网址进行互动和相互关注等。

（2）静态型

静态型的网站中的内容是固定的，主要是用来浏览网站中的内

图1–48 规划设计的网页介绍

容，就像一本电子杂志一样，可以从头到尾地翻阅。用户是没有办法改动其中的内容及外观的。

（3）动态型

动态型的网站会根据读者的需求而产生变换，譬如网页浏览次数的增多等（如图1–49和图1–50所示）。

2. 定位观

Web站点要有自己的设计定位，要根据访问者的需求安排特定的主题内容，做到内容、技术与效果的完美结合。

（1）风格定位观

一个网站的风格决定了这个网站是否能够吸引用户，这里的风格展现出的是网站的特点及整体感觉。具有特色的网站可以提升浏览者的兴趣，加深读者印象，从而吸引读者来阅读网页中的内容。当然，一个没有充足内容的网站，即使具有一定的风格也没有什么意义。

每个人喜爱的风格不一样，每个网站的内容也不一样。随着人们不断地浏览各式各样的网站，人们的眼光、品味及知识量也在不断提升，所以网站风格定位时要考虑以下几点。

图1–49　简洁明了的网页设计

图1–50　运动产品的网页宣传

① 要确保整体风格统一。页面中的文字、图像、背景色、字体及标题等都要与界面整体风格统一。

② 界面要清晰、简洁、美观、大方，还要有条理，便于用户查阅资料。

③ 确保视觉元素的合理安排，使读者在查阅信息的时候体验到视觉的秩序感与节奏感（如图1-51和图1-52所示）。

（2）功能定位观

在网站设计中，它的功能也应该符合不同层次人群的需求，仅仅在艺术性上赢得读者是远远不够的，要站在读者所能理解的层面上对网站进行设计。一味尝试新奇的元素，很有可能不被大众所认可。

（3）人本定位观

在网页界面的设计中，如果忽略了读者的需求，得不到读者的喜爱与欢迎，是不成功的。我们要对客户进行调查和分析，重视读者的偏好和需要，这样才会提高网站的设计质量和效率。在网页设计时应注意以下几点。

① 在网页设计的时候应该提供位置信息，让访问者知道自己网点的位置。

② 有明确的导航与索引。能够通过清楚的导航与索引来帮助用户快速获得自己所需要的内容。

③ 优化信息的加载与显现。读者在切换网页或者打开网页链接时，要有等待或加载信息的显示。

图1-51 订购产品网页设计

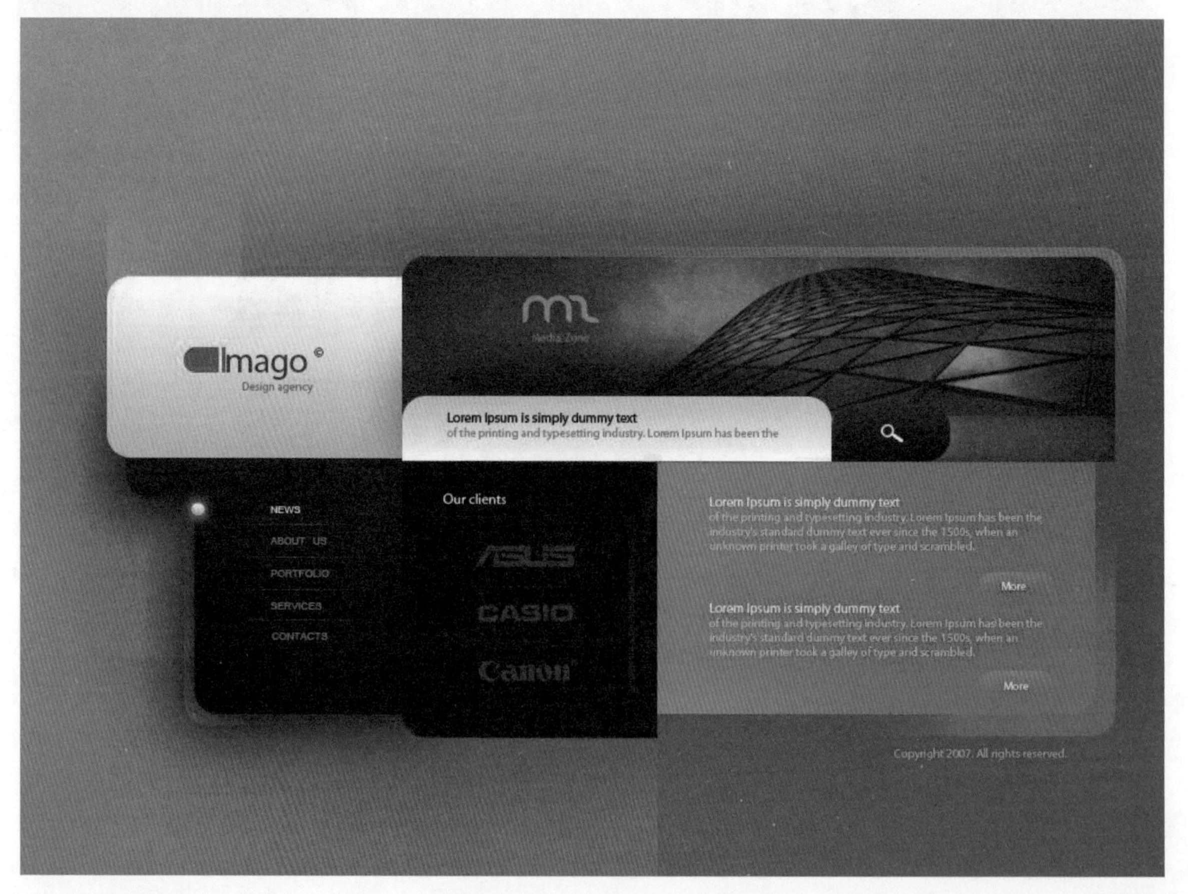

图1-52 数码产品宣传网页

第 2 章

网页界面的组成部分与空间处理

主要内容：

本章主要讲解的是网页的装饰要素、网页界面的组成要素、网页结构设计，以及网页界面设计空间的处理。

重点、难点：

本章重点是网页界面组成部分和网页界面结构设计的掌握；难点是对于网页界面空间设计时空间的处理。

学习目标：

通过对网页界面知识的讲解，要求了解网页界面的装饰技巧、界面组成、界面结构设计，掌握网页界面设计的空间处理，设计出更加科学合理、更加完整美观的网页界面。

2.1 网页界面的小装饰

网页设计中会用到形形色色的小装饰，比如说一个图形、一个花边，就像我们穿衣打扮总喜欢用些首饰来装点一下。虽然这些装饰看起来可有可无，但是如果使用得当，可以更好地衬托出主体页面的个性与独特性。下面简单介绍几个界面中常用的小装饰。

图2-1　简单的手绘图形

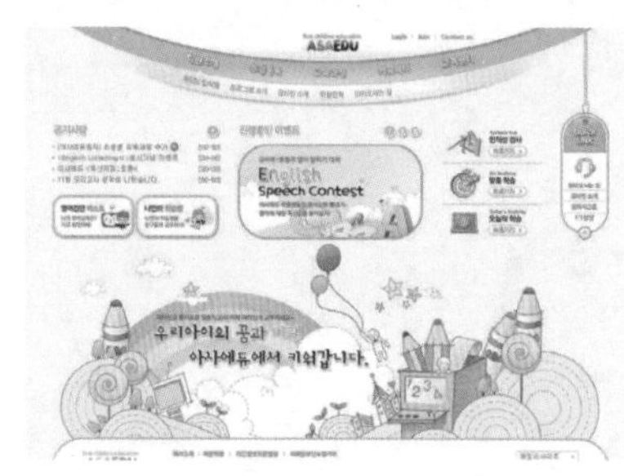

图2-2　装饰框的使用

2.1.1　小图标

图标是具有功能的图形，在网页界面中图标分为抽象图标与具象图标(如图2–1～图2–3所示)。

1. 抽象图标

这些通常称之为ICO，是图标文件格式。系统包括PC、手机与电脑等系统。这类图标通常是对功能的一种概括表达，表达的形式较为抽象。但还是具有一定的可识别性与可读性，加上现在已经广泛地使用这类图标，所以用户还是可以快速掌握与识别。

2. 具象图标

具象图标是指将一些物品的具体模样转化为图形，风格的表现会多样化，但相对于抽象图标来说更容易识别。

图2-3　具象图标的网页设计

3. 图标的好处

在界面中图标可以更加快速直接地传达出信息，同时便于用户快速浏览。图标的使用可以简化文字说明，在排版上会更加随意自由，不会因为文字太多而产生压迫感，还可以增强板块节奏感与舒适感，图文搭配的画面会显得更大方简洁（如图2–4和图2–5所示）。

2.1.2　序号

序号是指顺序的编码，就是我们常见的“1.2.3.4.5.6……”，或者是大写的“一、二、三……”，由于字体和功能的特殊性，无论序号在哪个位置，都可以增强版面的节奏感。加上它具有的独特功能性，在界面设计中不仅仅是文字，也可以当作一个小图标来看待。序号的表现形式也是多种多样的，它的使用不仅可以为整体增添设计感，同时也可以给界面带来趣味性。序号的作用在页面中是不可小觑的（如图2–6和图2–7所示）。

1. 引导视觉流程

序列号具有引导视觉流程的作用，当我们看到数字“1”自然会联想到数字“2”，在它的牵引下，会下意识地在界面中寻找下一个

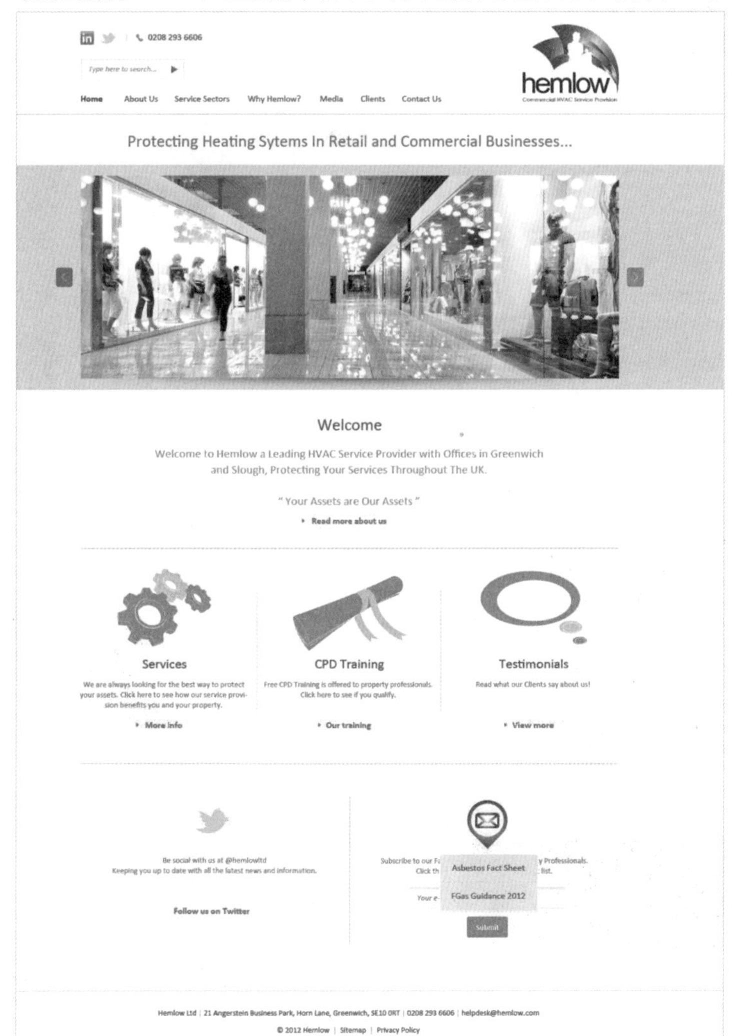

图2–4　企业宣传界面

图2–5　酒店宣传网页设计

图2–6　利用序号的创意网页设计

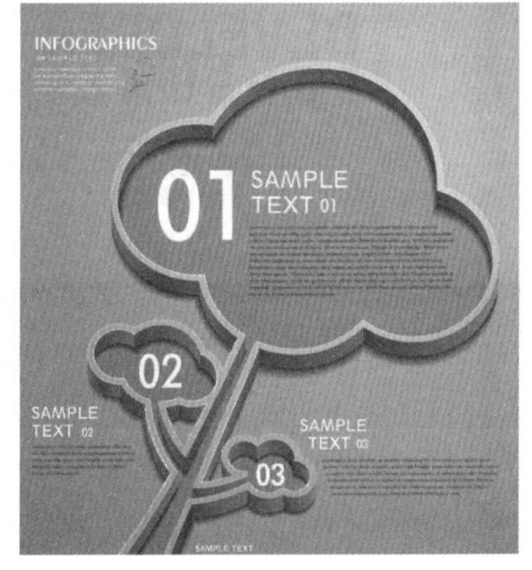

图2–7　利用序号与图形的网页设计

数字。另外，它的使用在版面中具有一定的灵活性，在不同的环境中，可以理顺文字的先后顺序（如图2–8～图2–11所示）。

无规律的排版可以为界面增添视觉上的美感，当然保证其功能性是不可或缺的，所以序列号可以为此起到引导视觉阅读和段落标记的作用。在这样顺序不明确的排版上，如果没有序列号的使用，我们在阅读上会很费力。添加上序号便可以很清楚地知道从哪开始、从哪结束。

2. 快速阅读

序列号的使用可以帮助人们快速阅读，提高阅读效率。“1.2.3……”如同地图上的坐标一样，能够很轻松地让人们确定内容所在的位置。在阅读中，用户可以在大量文字和信息浏览的过程中稍有停顿，增强用户的记忆力。另外在面对很多文字带来的压抑感时，数字可以减弱阅读信息的恐惧感。序列号能够让读者有条理地选择重点进行阅读。

图2-9 序号引导视觉流程

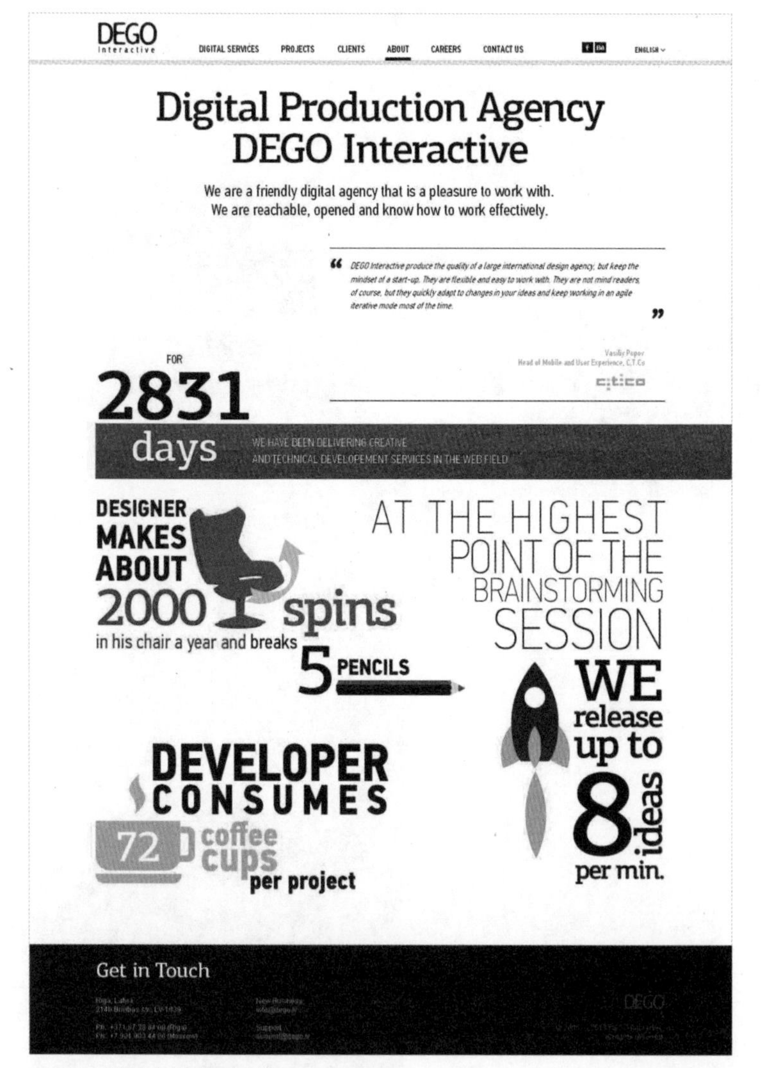

图2-8 以数字为主的网页设计

图2-10 序号可以使人快速阅读

图2-11 序号可以增强界面节奏感

3. 增强界面节奏感

序列号本身就可以起到一种装饰作用，在对它进行美化与放大时，会增强人们的视觉感。序列号可以与正文有明显的大小对比，这样可以为页面增强节奏感。

4. 可做装饰图片

我们可以逐个对序列号进行图片处理，根据不同的主题对其进行不同的设计，以不同的设计形式展现给用户，从而为界面带来装饰效果，同时还可以让页面内容变得精致、有条理。

2.1.3　手绘

手绘图形可以为刻板的网页界面带来亲切感，可以拉近用户与界面的距离，让用户觉着更亲近、更信赖。手绘的形式和题材有很多，可以是温馨的、帅气的、酷酷的、可爱的等，都是可以描绘出来的，可以通过界面中的一些文字、人物和图形来表现。

1. 文字手绘

手绘的文字会更加生动有趣，给人的感觉很活泼、随意，有亲切感（如图2–12～图2–15所示）。

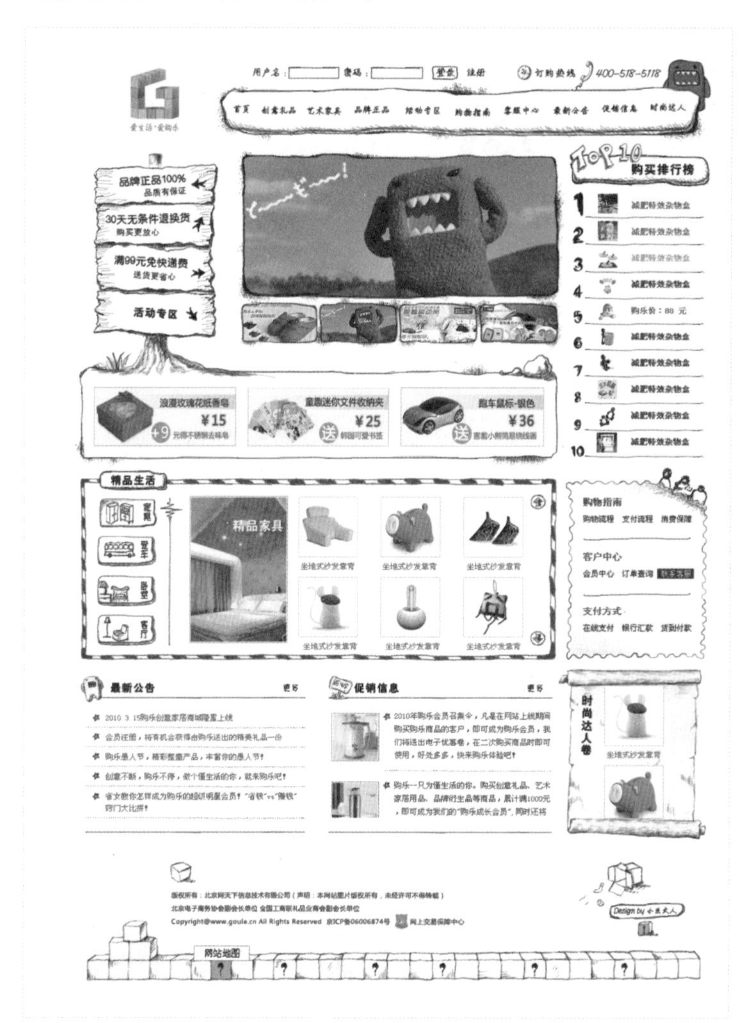

图2–12　手绘网页界面设计

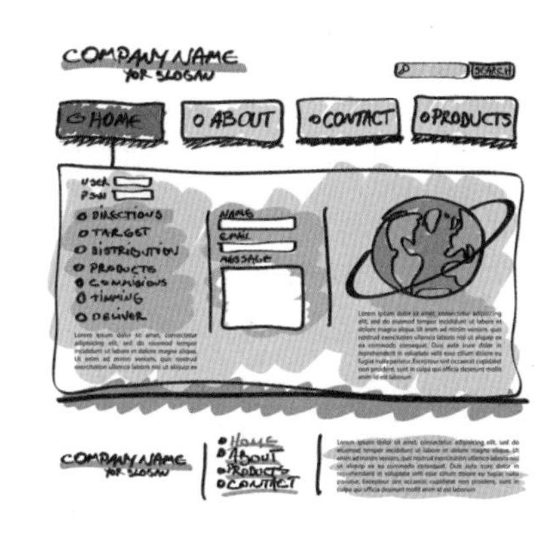

图2–13　手绘对话框网页界面

图2–14　手绘图片为主的网页界面设计

图2–15　手绘主题的网页界面

2. 人物手绘

人物的表现可以是幽默的、夸张的、可爱的，根据网页界面的需要而定。绘制人物时可以适当地添加一些表情，让人觉得有寓意或故事在里面，增加用户对界面的好奇心。

3. 手绘对话框

装饰对话框起到了提示内容的作用，一般页面中有小提示或额外补充内容会用到装饰框。手绘装饰框可以为界面增添几分趣味性，让网页界面的整体画面活跃起来（如图2–16所示）。

4. 内容标识手绘

内容标识可以起到标注作用，对一些需要着重强调的文字进行标注，例如使用圈注、下划线、勾选、箭头及五角星等小涂鸦，可以让网页界面充满小情趣（如图2–17所示）。

图2–16　奶茶宣传网页设计

图2–17　带有内容小标识的网页设计

2.1.4　小号字体

小号字体的存在是为了点缀界面，与大号字体之间产生节奏感，在界面上具有装饰和修补界面整体美感的作用。在功能上，小字也是文意上的补充，文字可以是英文也可以是中文，可以是一小段话，也可以是一两个词汇（如图2–18～图2–21所示）。

好处：小字与大字的结合使用，粗细不同的笔画让文字在界面排版设计中具有很强的节奏感；填补空缺位置，小字可以在太过空白的位置上进行装点，避免整个页面感觉不工整或者空旷；小字也可以对文字内容进一步进行补充，起到辅助说明的作用。

技巧：小号中文字使用要注意它的识别性，虽然有些小号字体用于装饰效果，但也不要太小，要在用户的可识别范围内。

在使用英文字母时，要注意字母的拼写，如果不能确定文字的准确性，可以将文字缩小到不易识别的程度，只作为装饰来使用。这种装饰适合整篇的英文，装饰效果会增强。

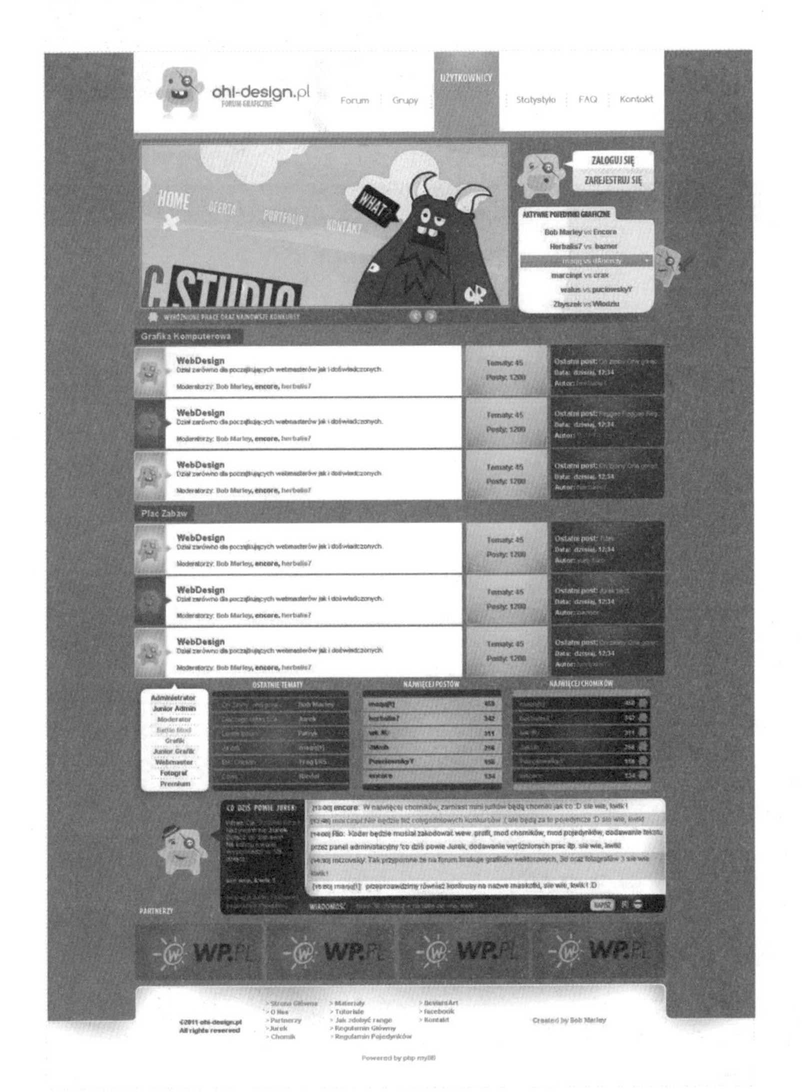

图2–18　小号字体的色彩区别

图2–19　小号字体与大号字体对比

图2–20　小号字体组合给人的块面感

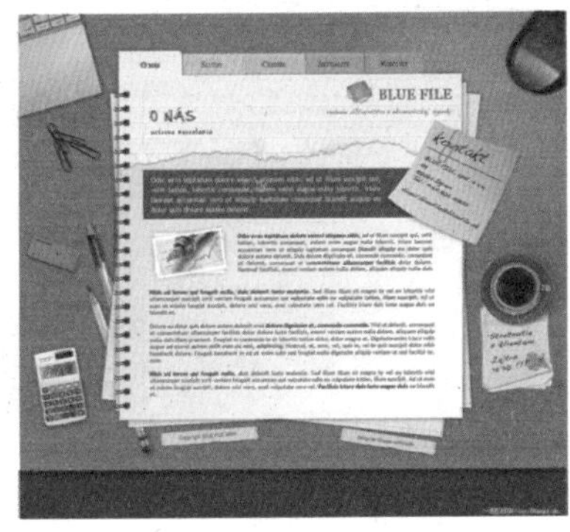

图2–21　小号字体段落有别

2.2 网页界面的组成部分

2.2.1 界面设计的装饰要素

在网页制作中，作为文字、图片及符号都应该按照主次划分进行排版。这样页面才会显得有条理，便于阅读。但是仅靠这些内容还不能完成网页的设计。在网页大致雏形完成时，我们会考虑对网页进行一些视觉上的装饰，这些视觉与气氛上的装饰可以使画面的整体效果更真实（如图2–22～图2–24所示）。

网页中点、线、面及颜色的组合应用都是装饰的主要元素，我们可以利用这些要素完善网页的视觉效果。

2.2.2 网页模板

网页模板中的页面结构、导航、图片位置，及里面的字体、字号、颜色及链接都是统一设置的。在设计的时候，可以选择适合自己的模板规划草图，将网页中的内容先填充进去看一下大致的效果。这样可以提高效率，提高整个站点的组合速度，在确定网页结构后，可以再对模板上的主页及子页进行详细规划和后期处理。

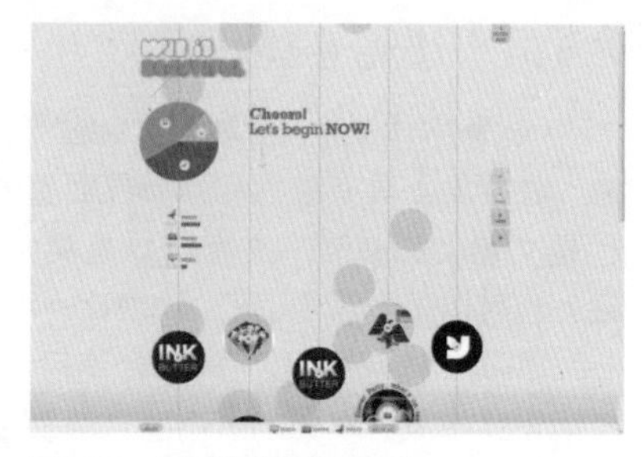

图2-22 圆形为主的网页设计

图2-23 使用素材的背景设计

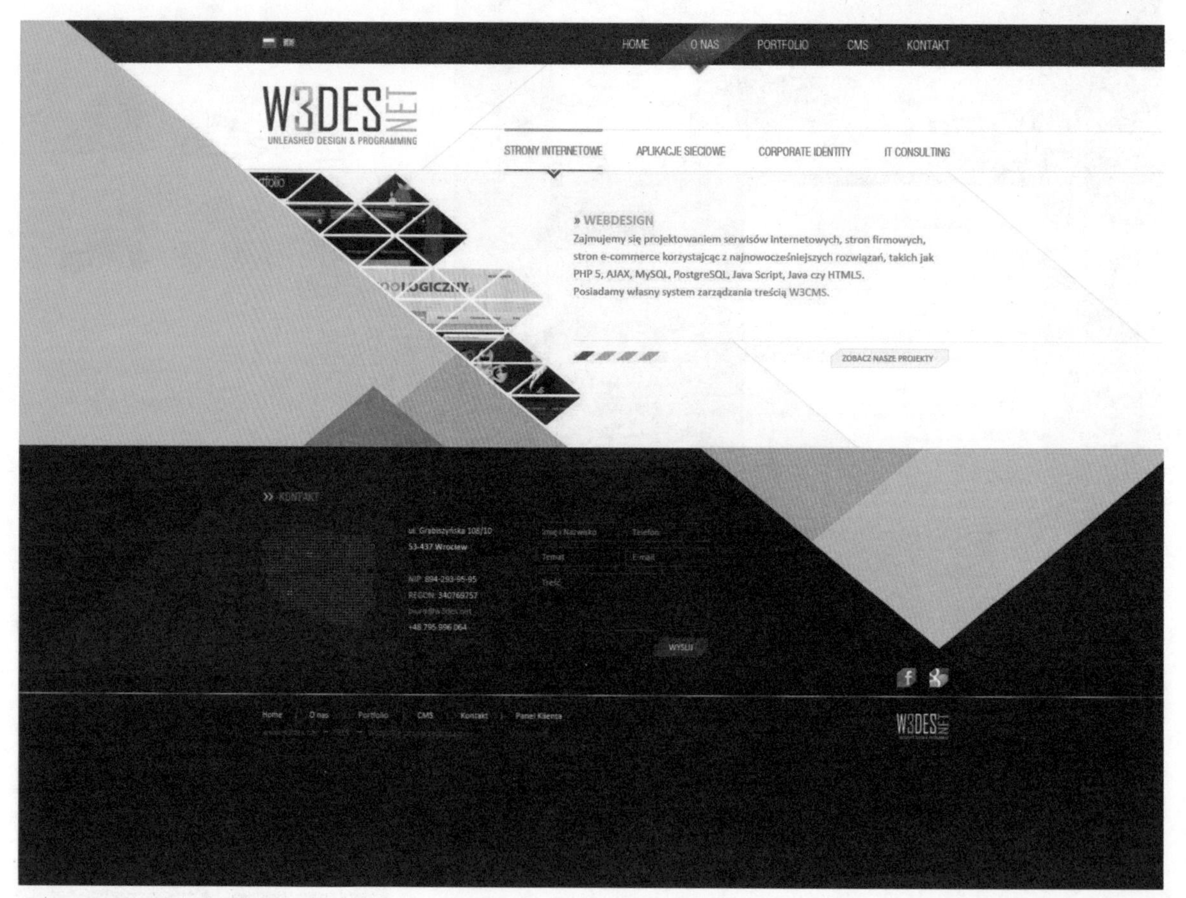

图2-24 由简单线性分割的网页设计

2.2.3　导入页

导入页面起到了缓冲的作用，以简洁精美的画面留住用户的视线，让人有一种想要探寻其中内容的神秘感。其不仅吸引了用户的目光，还留住了用户的目光，对网站的内容起到很好的宣传作用。

导入页的设计不宜太过复杂，只需要突出主题及设计风格就可以了。文字和图片都可以尽量省去，画面大胆，独特新颖，给人眼前一亮的感觉（如图2-25和图2-26所示）。其中图2-25所示为黑色与蓝色光影效果的搭配，展现出炫酷、科技和时尚的感觉。画面中带着光影的水晶球更是璀璨夺目，从而让人对其logo印象深刻；图2-26所示黄色的文字及几何图形在黑色的背景上很是抢眼。简单的点、线、面组合便可装饰出这样具有个性、帅气的引导页。

图2-25　个性时尚的引入页

图2-26　个性时尚的引入页

2.2.4 主页

主页是一个网站的门面，主页的设计决定了用户对网站的第一印象。主页在设计上应该结构清晰、主题明确、视觉强烈。这样用户能够很清楚地知道页面中有哪些内容，也能够提升网页在用户大脑中的认知度。主页大致分为3种：索引主页、综合式主页、个性化主页（如图2–27～图2–30所示）。

1. 索引主页

站点中有多少页面可以作为搜索候选结果，就是一个网站的索引量。

站点内容页面需要经过搜索引擎的抓取和层层筛选后，方可在搜索结果中展现给用户。页面通过系统筛选，并被作为搜索候选结果的过程，即为建立索引。目前site语法的数值是索引量估算值，但不一定准确。

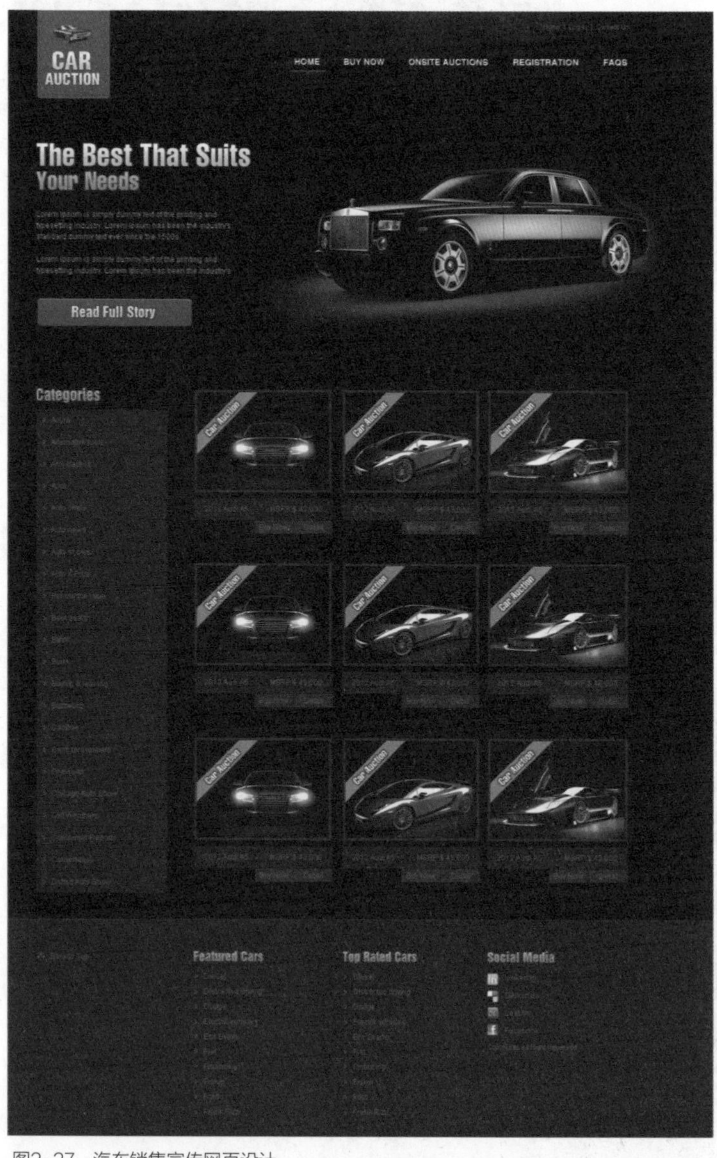

图2–27 汽车销售宣传网页设计

图2–28 生活用品宣传网页

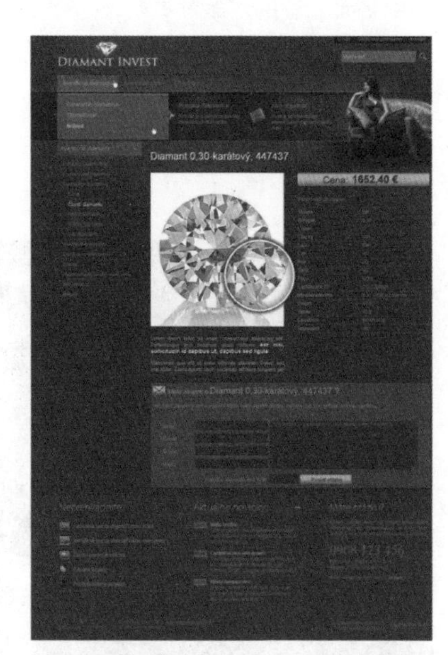

图2–29 钻石的宣传网页

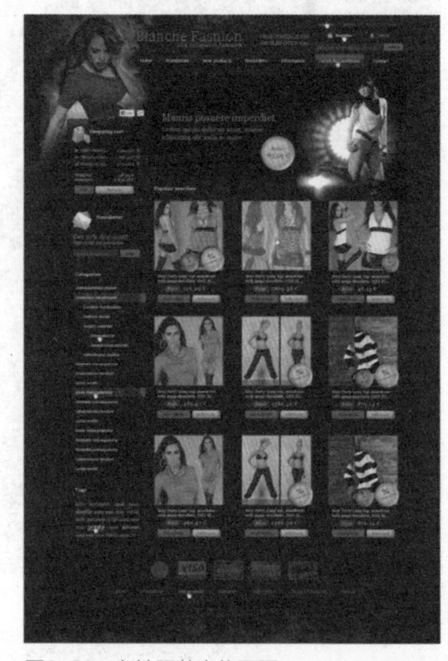

图2–30 女性服装宣传网页

2. 综合式主页

综合式的主页是指很多个模块都展现在主页上，包括索引、导航、标题、提要、图片等。这样的主页看起来会显得不简洁，但是便于用户查阅搜索内容。

3. 个性化主页

个性化的主页会增添用户对网站的兴趣，也为网站的宣传度加分。个性化的网页主要体现在视觉美观及内容简洁上，所以在设计的时候需要多花些时间。

展现个性化主页的时候要主题明确，突出信息内容的重点。这样才能使用户在被网页外观吸引的同时也关注传播的信息（如图2-31和图2-32所示）。

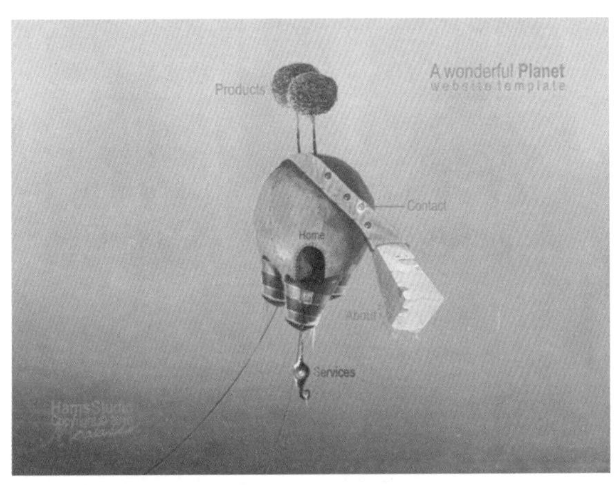

图2-31　综合式网页设计

图2-32　个性化主页设计

2.3 网页界面结构设计

网页界面的结构设计取决于页面的尺寸、整体构图、页眉页脚及内容等，每块内容都有它适合摆放的范围，元素之间都是相互牵引联系的（如图2–33～图2–36所示）。

2.3.1 网页界面的设计要素

1. 页面尺寸

页面的尺寸和显示器及分辨率都是有关联的。网友的局限性在于没有办法突破显示器的范围，而且浏览器大小也会影响页面的效果，不同浏览器的尺寸不一样，所以页面在浏览器中显出的位置也会有一定的变化。一般分辨率在800*600的情况下，页面的显示尺寸为780*428像素；分辨率在780*428的情况下，页面的显示尺寸为620*311像素；分辨率在1024*768的情况下，页面的显示尺寸为1007*600像素。我们可以根据不同情况及网页类型来决定页面的尺寸。

2. 整体构图

网页的整体构图是多样化的，我们可以利用单个形状，也可以充分发挥想象，使用一些具有创意的组合形状来设计网页。不同形

图2–33 器皿的网页介绍

图2–34 手机宣传网页设计

图2–35 学习教育网页设计

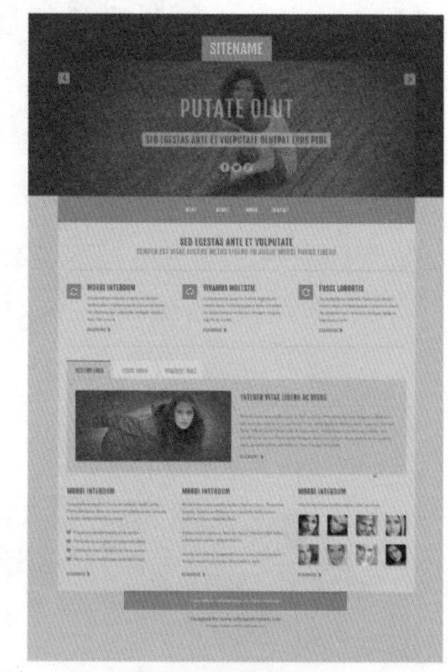

图2–36 个人主页的网页界面

状给人的感觉也不一样，表达出的含义肯定也大不相同。矩形给人感觉比较正式、中规中矩；圆形则比较柔和，给人温暖、凝聚的感觉；三角形比较活跃、有动感。网页结构设计中用什么样的构图还是要根据主题来确定形式。

3. 页眉与页脚

页眉和页脚是相互呼应的，与网页界面中的整体风格相符。页眉放置在站点主题的地方，一般页眉中的内容会与网站的名字相同，便于人们识别网站，增加记忆力；而页脚通常是放置在网页的下方，内容上以公司的地址及联系信息或者网站为主，也可以添加一些宣传内容等（如图2-37～图2-40所示）。

4. 正文内容

正文内容包括文字与图片，图文并茂的内容更容易吸引用户。当然，现在的网页已不仅仅是文字与图片了，还添加了音频、动

图2-37　饮品的创意网页设计

图2-38　游戏的网页介绍

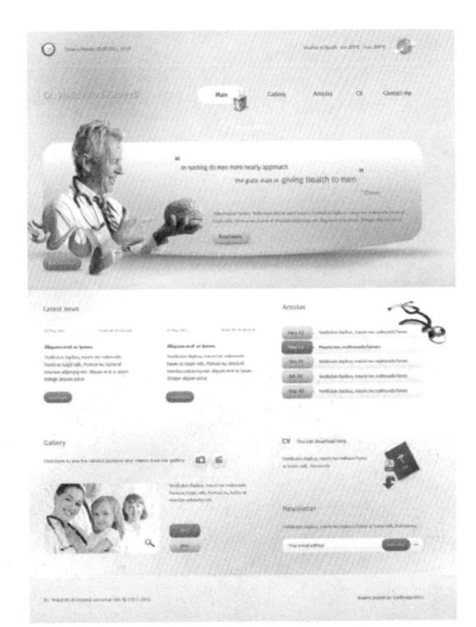

图2-39　医疗网页设计

图2-40　披萨为主题的网页设计

画、视频、插曲等其他媒介，让人们在浏览网页的时候，视觉、听觉都能感受到信息的传递。在设计结构的时候，要考虑到这些动态元素与静态元素的穿插运用。

图2-41　蓝白搭配的网页设计

2.3.2　网页界面的结构类型

网页界面的结构影响着整个网站的布局，界面中结构的设计对风格也有着重要的作用。界面的结构主要包括网页名称、网标、页面主栏、次级栏、搜索栏、图形、文字等要件，网页界面结构分为开放结构与包围结构两种类型。

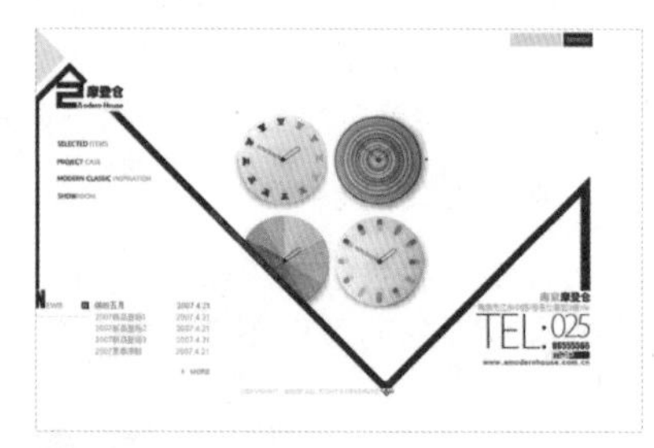
图2-42　创意网页设计

1. 开放结构

开放性结构是以主体内容为视觉中心，以放射型的方式放置文字或图片等装饰，主要目的是为了强调重点。这样的页面灵活多变，形式也多样化（如图2–41～图2–43所示）。

其中图2–42所示为白底黑字，清晰明了。以中间彩色时钟为视觉中心，巧妙地突出了页面的主题。简洁的黑色线条控制了人们的视觉流程，着重点出了活动的名称、时间和地点等。

2. 包围结构

包围结构适用于板块过多的综合式主页。由于板块内容过多，信息量比较大，需要有条理地布置。包围结构一般会利用色块或者

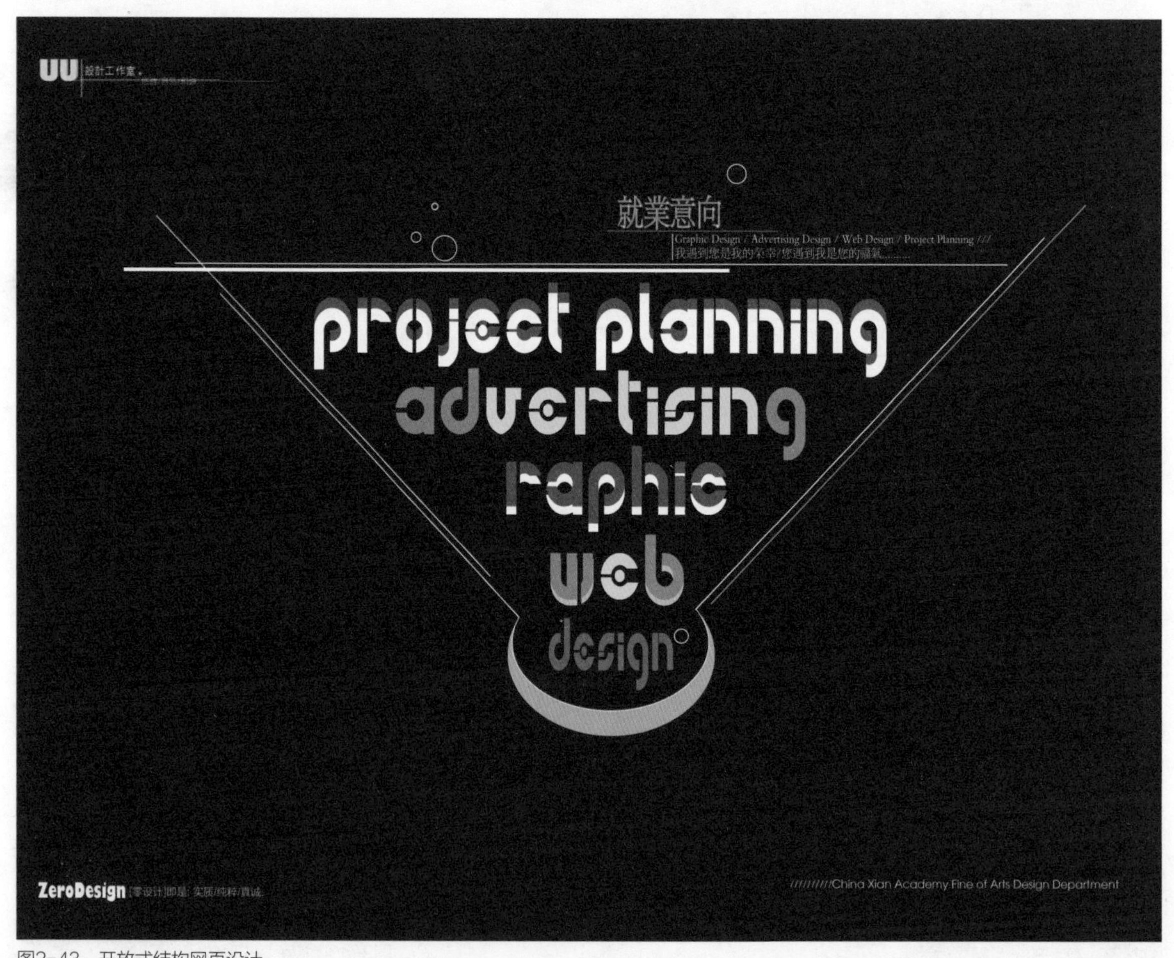

图2–43　开放式结构网页设计

是边框来区分内容，使页面具有整体性（如图2–44和图2–45所示）。

图2–45所示图片与文字穿插有序的排列，适当地使用了色块来划分内容，强调主次。不论是以黑色为主色调的网页背景，还是七彩为主色调的页面，都是鲜明夺目的风格。

2.3.3　网页界面的基本类型

网页界面的基本类型是根据结构来分类的，在开放型结构中主要包括轴型、线型与焦点型；在包围结构上是分为框型、格型与栏型。

图2–44　轴型的网页设计

图2–45　动感十足的网页设计

1. 轴型

轴型通常会以对称的形式将文字、图片和标题放置在轴心线两边，这条线可以是隐形的也可以是有形的。这样的排版具有很好的平衡感，水平的排列给人以平静、安稳的感觉，而垂直排列则会给人一种舒畅的感觉。我们可以通过这条轴线来设计两侧的元素，可以是大与小、冷和暖、深与浅这样的对比等，页面稍加修饰便会活跃许多。

另外，根据人们正常阅读心理的影响，习惯性地会从左上方浏览至右下方，可以把需要强调的内容放置在页面的左上方或右下角。这样以轴线为视觉中心，由中央向左右延伸，符合了视觉流程的心理顺序（如图2–46和图2–47所示）。

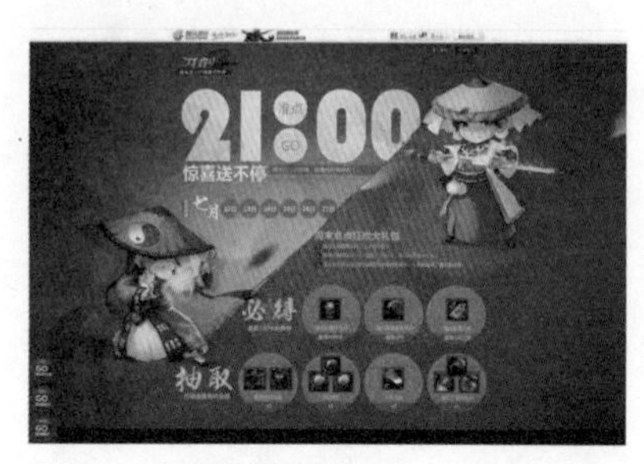

图2-47　线性分割网页设计

2. 线型

线型是通过水平、垂直、对角及交叉等形式将页面分割成块状，拼接成一个整体的页面。这样的页面不仅打破了枯燥感，增加了动感，而且可以利用形状之间的叠压，以及颜色的深浅来增强页面的空间感。在阅读上，分割后的页面以内容为块，阅读起来会方便许多（如图2–48所示）。

图2-48　线性网页设计

3. 格型

网格型的界面并不是说用网格线分割，像表格一样。格形界面是将文字或者是图片等元素按照格的形式进行有序地排列。这个“格”没有一定的形状限制，可方可圆，可疏可密，但是无论以什么样的形式展现都不能破坏了格型结构的秩序感（如图2–49、图2–50所示）。

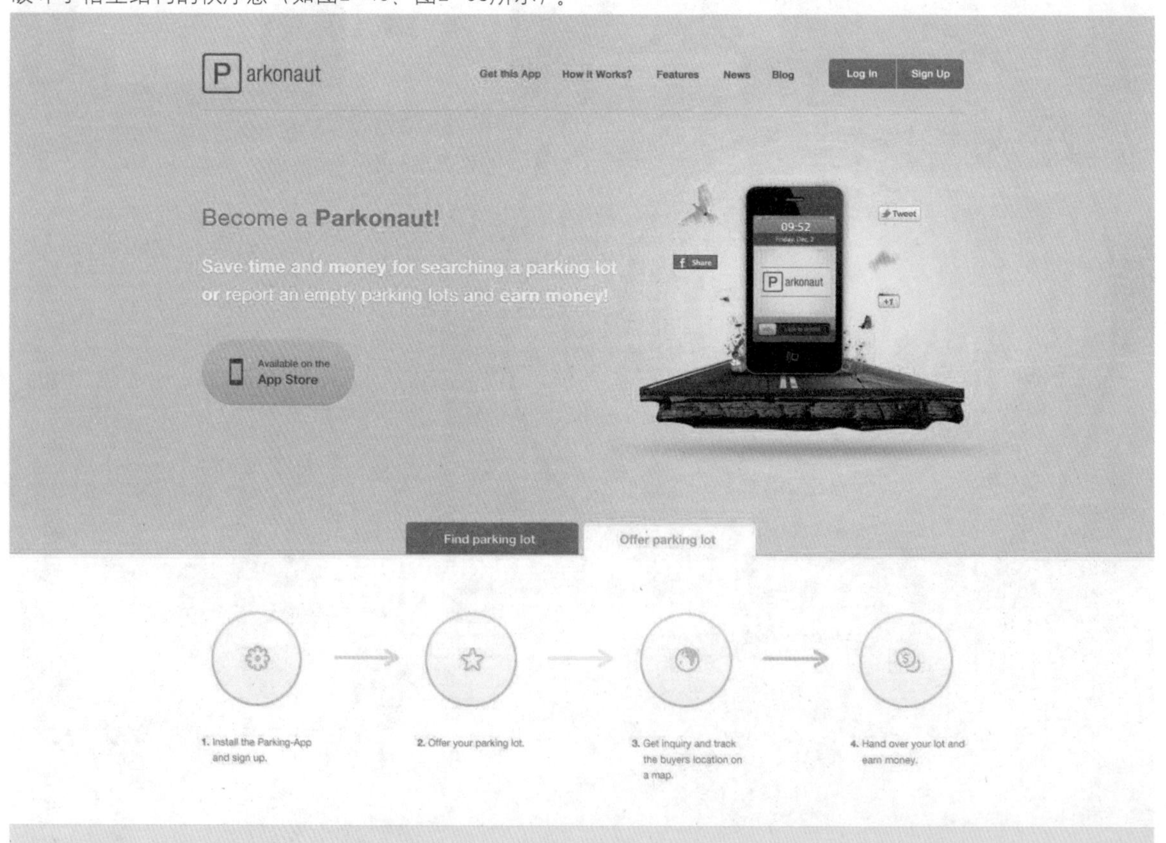

图2-46　中轴型网页设计

4. 焦点型

焦点型页面的特征是整体页面会有个侧重的中心点，四周的元素作为铺垫衬托。这样的界面主要是利用其他元素来诱导视线，强调主体内容（如图2–51所示）。

焦点型页面分为中心、向心、离心3种表现方式。

① 中心是利用文字或图形等以强烈的对比形式来突出视觉中心，也叫第一视觉。

② 向心是多种元素以聚拢的形式向中心汇集来强调主题，向心界面是通常被采用的一种传统表现手法。

③ 离心是一种通过不同视觉元素引导视线向外辐射的一种设计形式，运用离心结构的界面会显得活泼、动感，更加具有现代性。在运用的时候，应该注意突出主题，整体有序。

5. 框型

规整的框型能够给人稳定、理性的视觉感受，在框形中的内容一般不会再采用对称的排版形式，这样页面会显得枯燥。大多数是用不对称的排列方式来布置图文位置，打破框型本身的拘束感，形

图2–50　框型促销网页设计

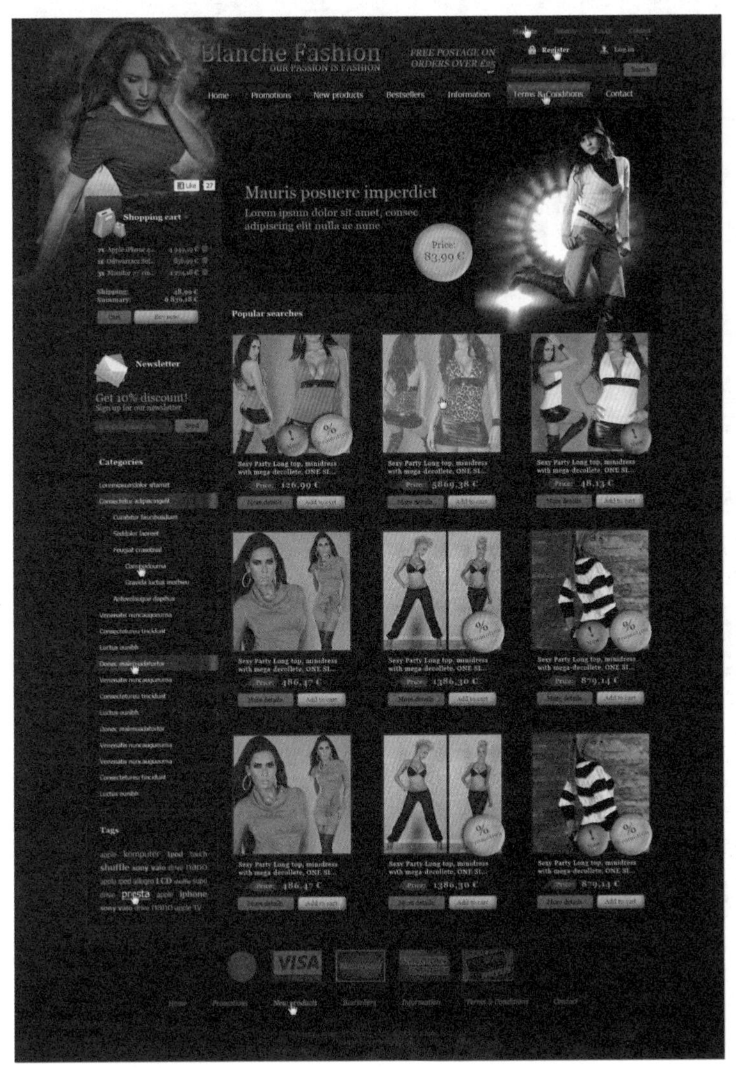

图2–49　框选网页设计

图2–51　焦点型网页界面

式上可利用一些活泼灵动的图形、色块、线条等来装饰页面，使画面既具有整体感，又不显呆板（如图2—52所示）。

6. 栏型

栏型的网页类似于报纸的排版，将页面分为好几栏。常见的有单栏、双栏及三栏。横向网格也有双栏和三栏这样的划分。主要还是根据内容来划分结构，这样的页面给人感觉整体规整、有条理。划分的栏也不一定就是横平竖直的，巧用斜的块面反而能在这样的页面中脱颖而出，使页面更具灵活性（如图2—53所示）。

图2-52 框型网页设计

图2-53 啤酒的网页宣传

2.4 界面设计的空间处理

界面设计中，空间处理是必不可少的。留白的空间可以为界面增强视觉效果，以虚实、远近、有无、深浅的对比手法，若有若无地为界面创造出空间感，在令人赏心悦目的同时，还可以强调出重点内容，增强人们的视觉印象。

2.4.1 空间留白

要突出界面主题，可以通过空间留白来处理，在网页周边有留白的对象恰恰可以引起人们的注意。空白可以让人们的视觉放松，起到一个调和的作用，在理论上被视为网页中的引导空间。

空间留白在突出网页的主要内容、区分信息层次、美化界面形式等方面具有十分重要的作用。在设计中，留白的形式可以是规则的，也可以是随机的。我们可以将网页中的留白当成独立的图形来处理，但要注意其外形、比例、方位及方向等与主题的关系（如图2-54～图2-57所示）。

图2-55　麦当劳促销网页

图2-54　国家文化宣传网页

图2-56　潜水产品促销

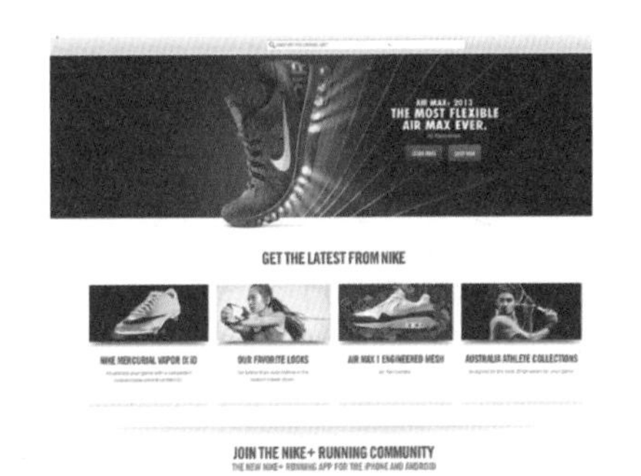

图2-57　运动用品网页

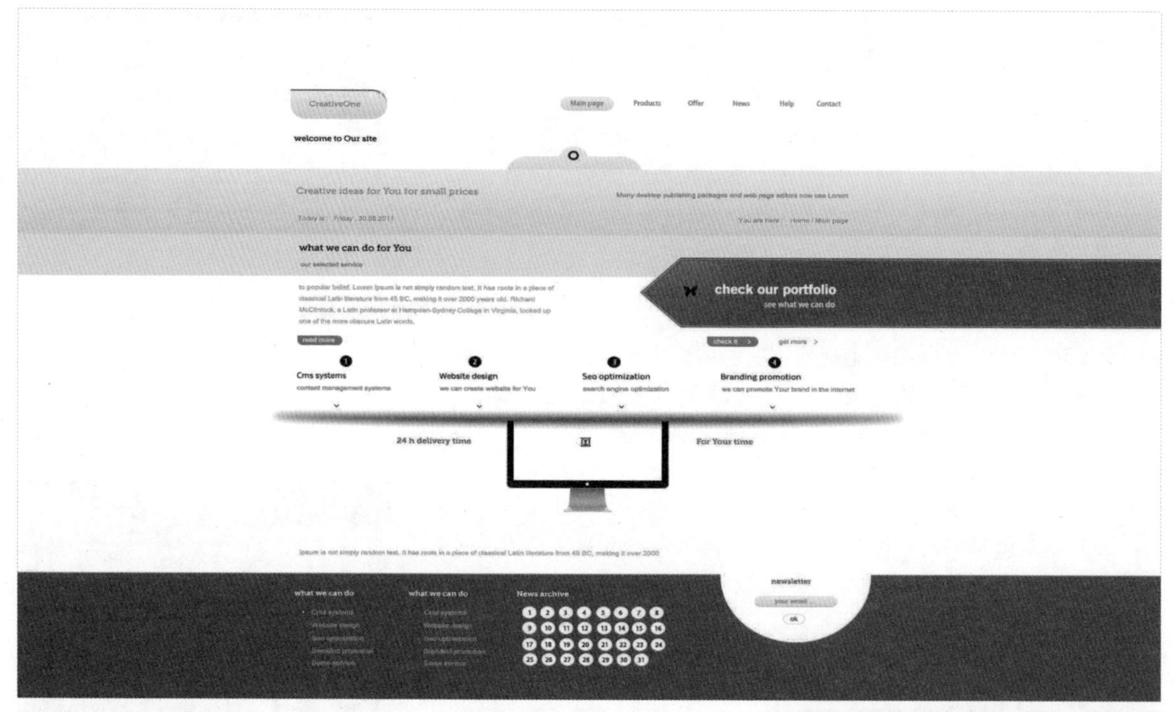

图2-58 计算机网页介绍

2.4.2 空间的视觉导向

在网页中每个元素都是相互牵引和联系的，我们可以充分利用空白空间来制造视觉导向，引导读者先后浏览不同的主题内容，当然也可以制造纵向或横向的留白来引导人们的视觉（如图2—58所示）。

2.4.3 空间的秩序

在界面中，空间在形式上的变化虽然复杂多样，但还是具有它自身的秩序。要让空间达到统一与和谐的视觉效果，需要在形式上进行有序的变化，根据信息的传递需要，设计者可以用不同含义的视觉元素按照一定的设计法则来对网页界面进行设计，让其有着丰富的空间关系与整体空间的内在和谐（如图2—59所示）。

2.4.4 空间的张力

设计中所谓的张力，是指空间中富有节奏感，富有弹性。在视觉上能够充分调动人们的视觉神经。空间的扩张感是为突破页面的整体布局营造而成的（如图2—60所示）。

图2-59 规整有序的网页设计

图2-60 品牌宣传网页设计

第3章

网页设计中文字与图片的处理

主要内容：

本章主要讲授的是网页设计中的文字与图像的处理，包括文字字体、文字的强调、文字图形化、文字叠置、标题与文字、文字对齐方式，以及网页图像应用的相关知识。

重点、难点：

本章重点是网页中文字的使用技巧，以及图像的处理方法；难点为文字与文字组合、文字与图片的组合。

学习目标：

通过对网页文字与图像相关知识的了解和掌握，培养对文字字号、字体、组合、色彩，以及图文结合使用的敏锐度和设计感。

3.1 指定字体

在网页中最基本的元素就是文字，文字是指文字的风格款式，也可以理解为文字的一种图形样式。文字不仅具有表达语意的功能，还具有装饰美观的作用（如图3−1～图3−3所示）。

字体的样式繁多，笔画差异也很大，这使得选择适合的字体成为一种很具有挑战性的工作。我们需要不断地感受、研究这些字体，才能更好地利用它，发挥它最大的潜能。

在网页设计中，字体与界面风格、颜色、图形等其他元素一样重要，因此我们要慎重选用。

3.1.1 特殊字体的应用

在网页设计中，由于画面美观的需要，会使用到一些特殊字体来进行装饰。但要注意不是任何特殊字体都能够在计算机中显示出来，同时也不能保证在别的计算器中显示的效果与预期的一样。所以，为了避免出现这种情况，还是建议不要轻易使用特殊字体。如果真要使用的话，可以将字体转成图片插在页面中。

图3−1 卡通网页设计界面

图3−2 医院网页设计界面

图3−3 餐厅网页宣传界面

3.1.2　字号

在计算机中是以像素为单位的，所以字号的大小建议用磅来作为单位。人们的正常阅读距离为30～35cm，最适于网页正文显示的字体为12磅，在内容较多的情况下会使用9磅的字体作为正文字号。而标题的字号要大于正文，用来强调概括主题内容。而较小的字体会用于注释图片，或者页面页脚等辅助信息，可读性较差（如图3-4～图3-7所示）。

不同字号的文字给人的视觉感受也是不一样的。小而细的字体会给人精致的感觉；稍微大一点的话会显得很纤细、柔美，适用于感性的网页设计；粗大的字体会给人强有力的感觉；这种具有男性特点的字体更适用于较理性的网页中。当然，字体的选择还是需要设计者总体思考、遵循客户要求以及浏览者的需求等进行设计。

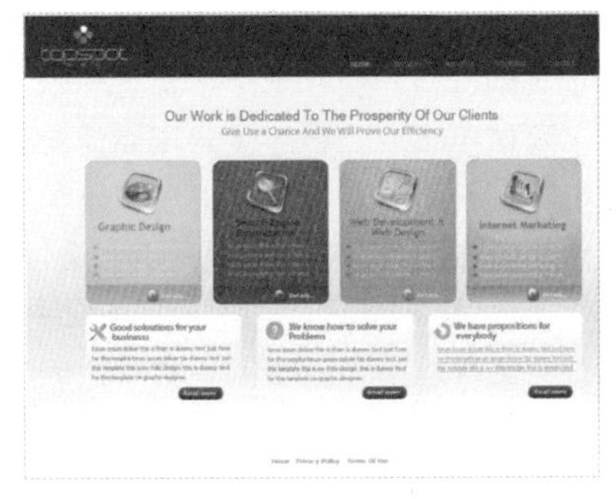

图3-5　设计网页设计

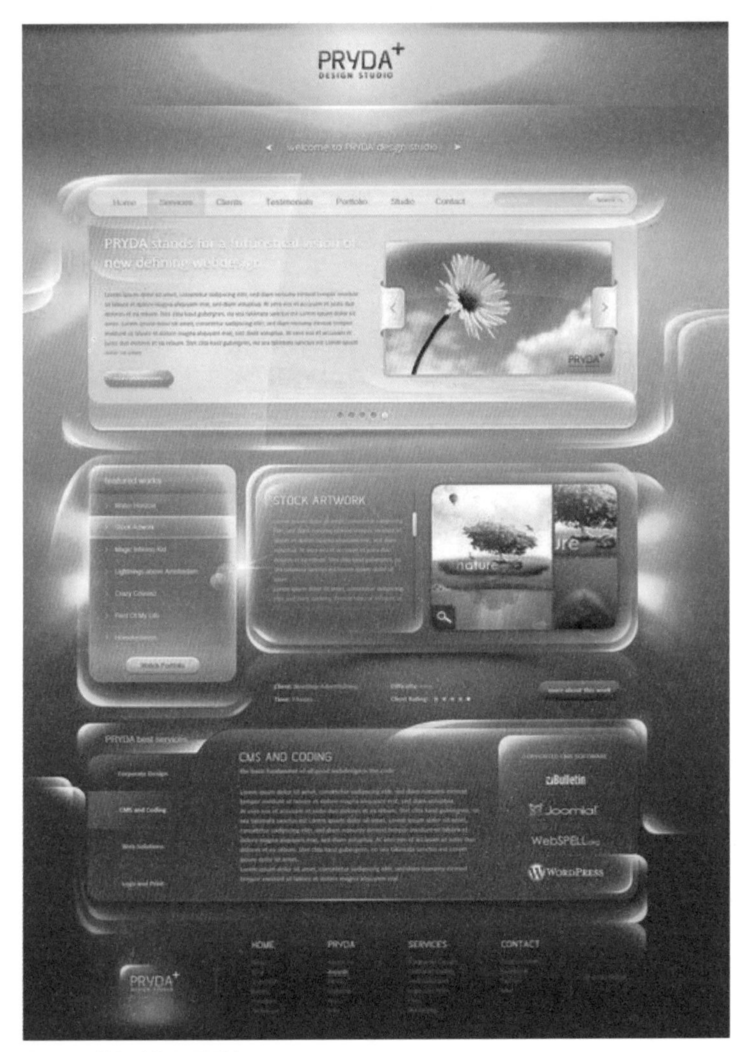

图3-4　蓝色科技网页设计

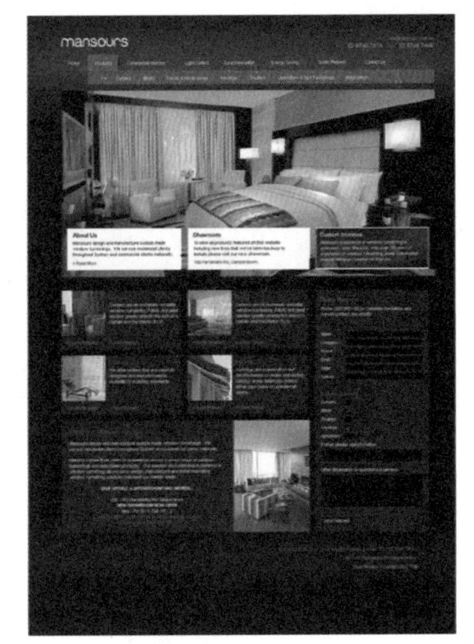

图3-6　酒店服务网页设计

图3-7　宠物服务网页设计

3.1.3 行距

文字之间的距离也是决定着界面形式和阅读流畅的重要因素。正文的行距一般在半个字高至一个字高之间，行距的常规比例为：字号使用10点、行距使用12点为合适。外语行距通常要小于正文的行距。行距的巧妙利用不仅可以帮助用户流畅地阅读内容，还可以用来装饰页面，使得页面具有灵活性与空间感。

如图3-8和图3-9所示，画面中有意地将文字间的行距拉大，在视觉上可以给人轻松的感觉，让人不至于因为文字太多、太密集，而感到视觉疲劳。在拉大行距的同时添加了一定的颜色，有效地将每段的主题内容强调出来。文字、图片之间排列有序，富有弹性，体现出了以人为本的设计态度。

图3-8　服务行业的网页设计

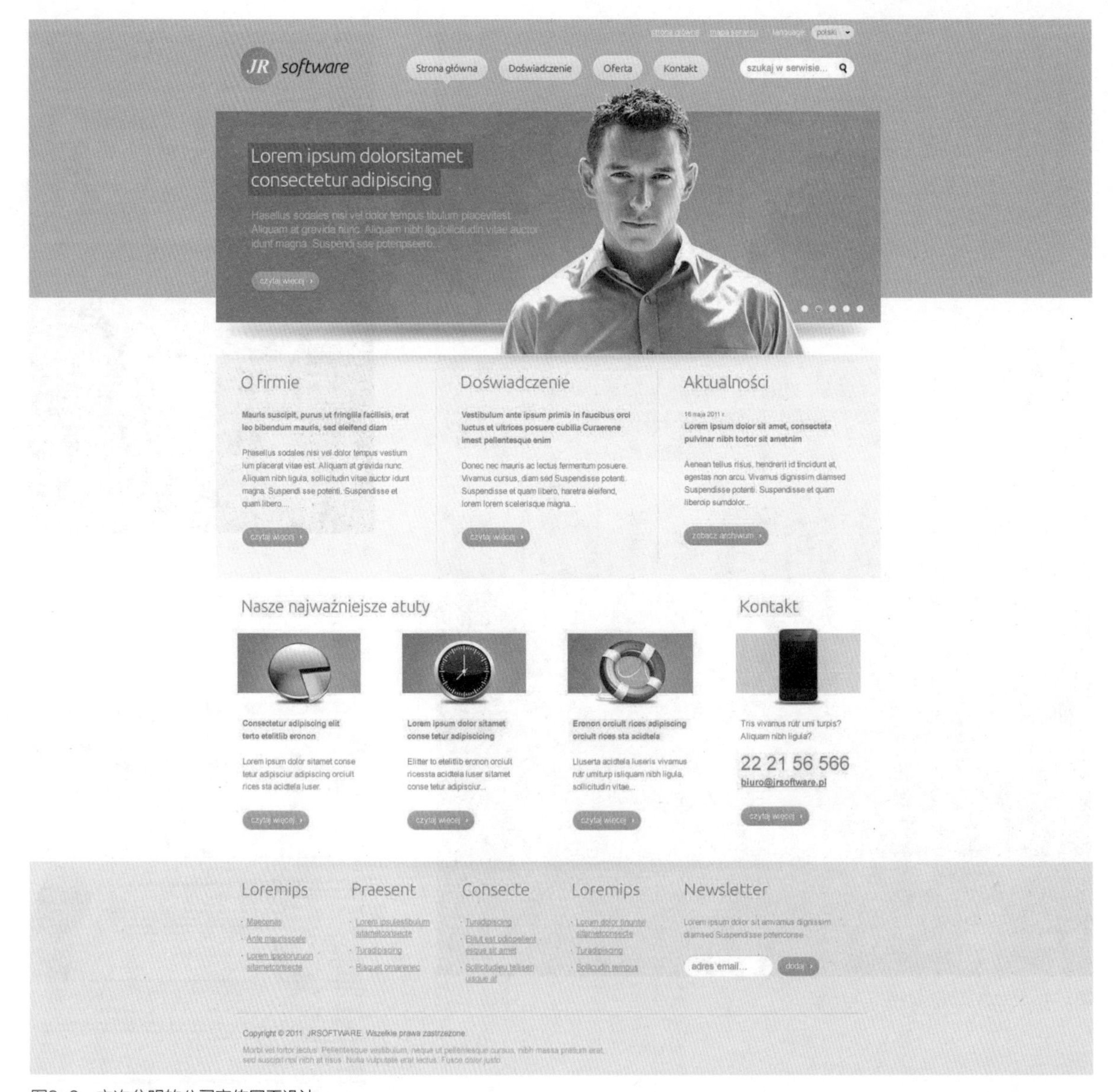

图3-9　主次分明的公司宣传网页设计

3.2 文字的强调

文字的强调是为了突出重点内容，可以利用字号、颜色、位置等对比手法来表现。在强调内容的时候要注意不可以文字过多，多了便会显得凌乱，反而让人看不到重点。我们可以对以下内容进行强调（如图3–10～图3–13所示）。

3.2.1 首字的强调

首字是一段文字的第一个字，可以对其进行装饰。强调段落的开头，也可以起到引导视线、活跃和装饰界面的作用。

图3–10 网页设计中炫彩的标题

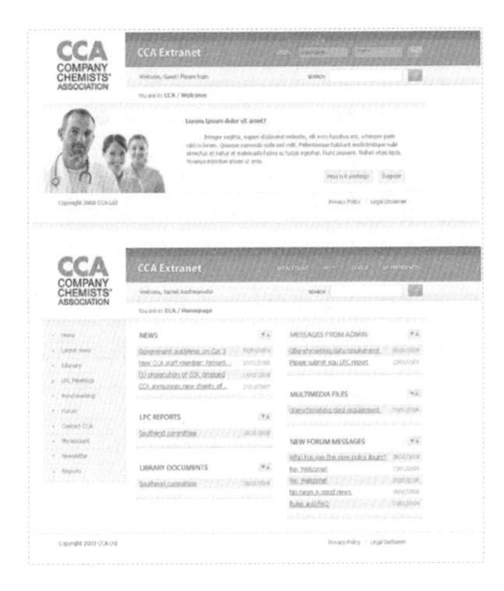

图3–11 医院服务的网页什么

图3–12 游戏宣传网页设计

图3–13 度假注册网页设计

3.2.2 主标题的强调

主标题是指界面中的大标题，是概括整个界面中心和主旨的文字，虽然文字比较少，但是在界面中有着很重要的作用。通常采用粗体大磅字体来进行强调，在整个界面中占据较强的空间，能够给人深刻的视觉感受。图3–14所示界面中的文字虽然简短，都是一眼就戳中了你的视觉，好像一下就印在了你的脑海中。文字通过变形、特效、加框，以及与背景的强烈对比增强它的视觉冲击力。

图3–14　视频播放的网页设计

3.2.3 引文的强调

引文是概括一段内容的小标题，通常是指在具体内容中，对详细内容进行分类组织，能够使文字之间条理清晰。在长篇文字中，我们可以对它进行分类与逻辑梳理，便于在设计时做出合适的效果。引文位置也是可以进行调整的，可以在正文四周进行布置（如图3–15和图3–16所示）。

图3–15　炫酷的网页设计

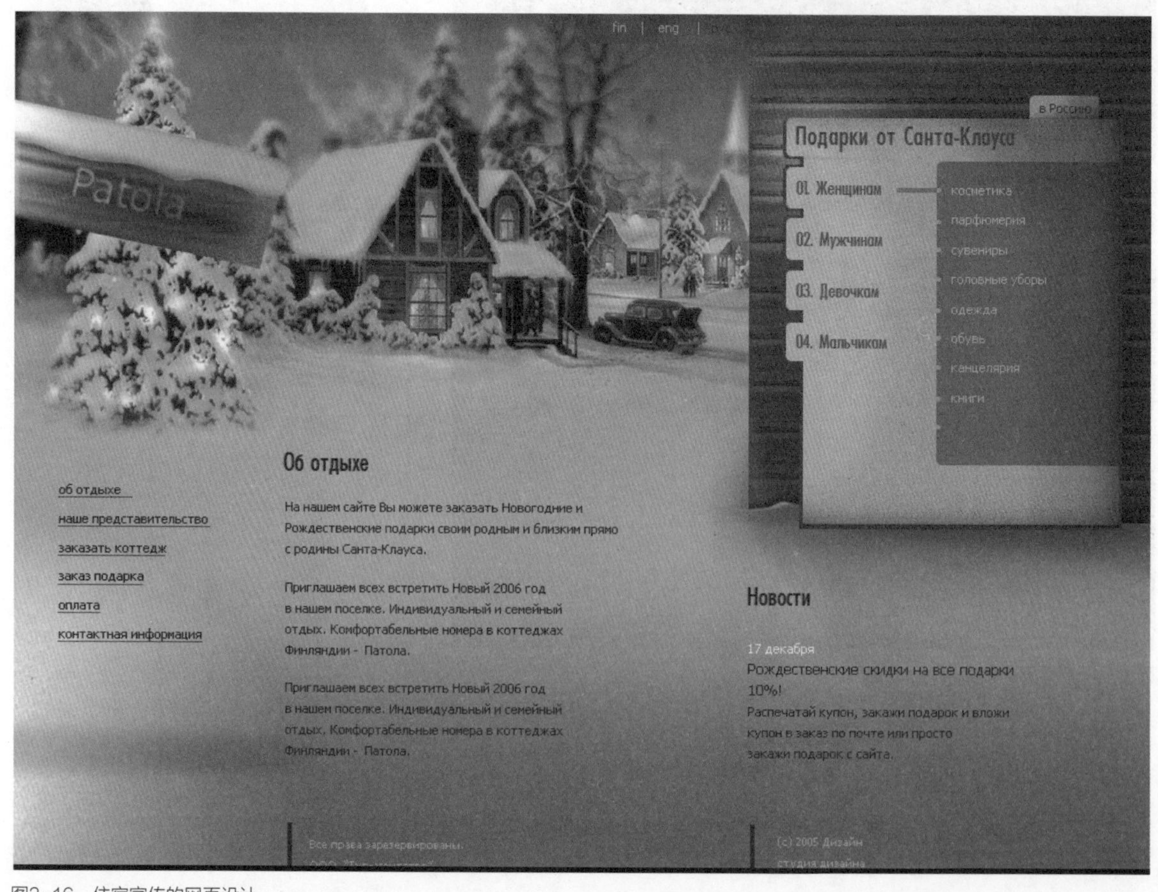

图3–16　住宿宣传的网页设计

3.2.4　关键词的强调

关键词通常是指正文中出现的重要数据、时间、地点、物件等，在设计中会将这些内容通过图式、放大、标红、衬底等方式来进行强化。例如将文字加粗、加框、加下划线等，也可以改变字体的颜色，或将文字倾斜等，以强化视觉效果，让字体在整个界面中显得出众而夺目。如果某些关键词的重要性很高，会在每个分类选项中出现，也可以特地对其进行图形化定位表现，起到强调的作用（如图3–17～图3–20所示）。

3.2.5　链接文字的强调

网页中的链接字号都会比较小，想要强调链接文字，可以试着用颜色的对比来加强视觉效果。我们可以使用补色、冷暖对比色。例如，红色界面可以使用绿色的链接文字，紫色的背景可以使用黄色的链接文字等。如图3–17所示，在紫色背景中，黄色的字体是最为醒目的，无论在色相、亮度，还是饱和度上都是最显眼的搭配。当视线浏览到界面底部的时候，会很自然地在链接文字上停留下。

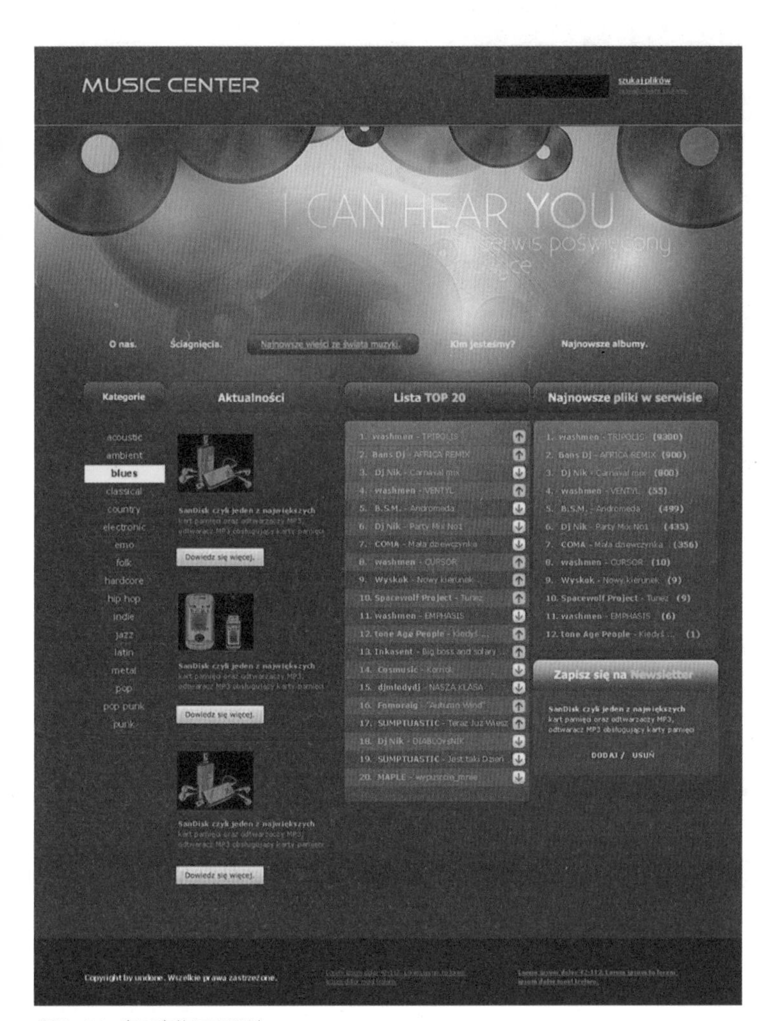

图3–17　音乐宣传网页设计

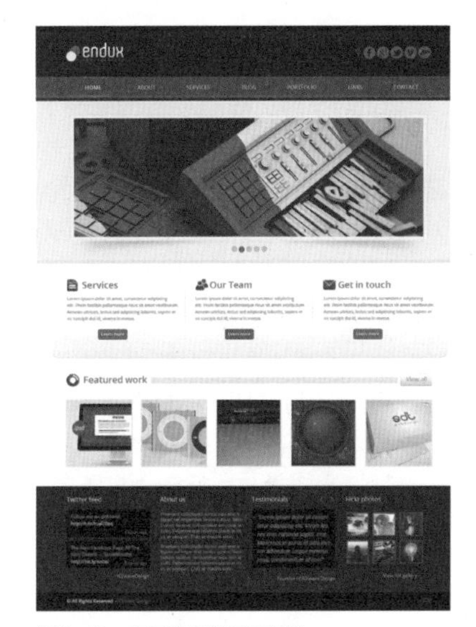

图3–18　电子产品的网页设计

图3–19　创意设计宣传的网页设计

图3–20　度假酒店的网页设计

3.3 文字的图形化

在网页界面中使用图形化文字可以改变界面的平淡与单调，界面会更加生动活泼，富有灵性（如图3-21～图3-24所示）。

网页界面中的字体并不只是单单停留在对文字表面进行美化与加工上，而是通过对文字的字形、字意的理解进行个性化的组合设计。所谓的图形化文字，其表达方式是用图形元素来表达文字，同时又强化了文字原有的功能。

在文字的设计上，可以将文字抽象化，再添加一些与文字含义有关的元素或者图片，绘形绘意地表达出所要传达的信息；也可以简单地对文字进行一些装饰，或者与图片组合排列也是可以的。无论以什么样的方式，都应该在不改变文字原有意义的同时充分表达出自己的创意。

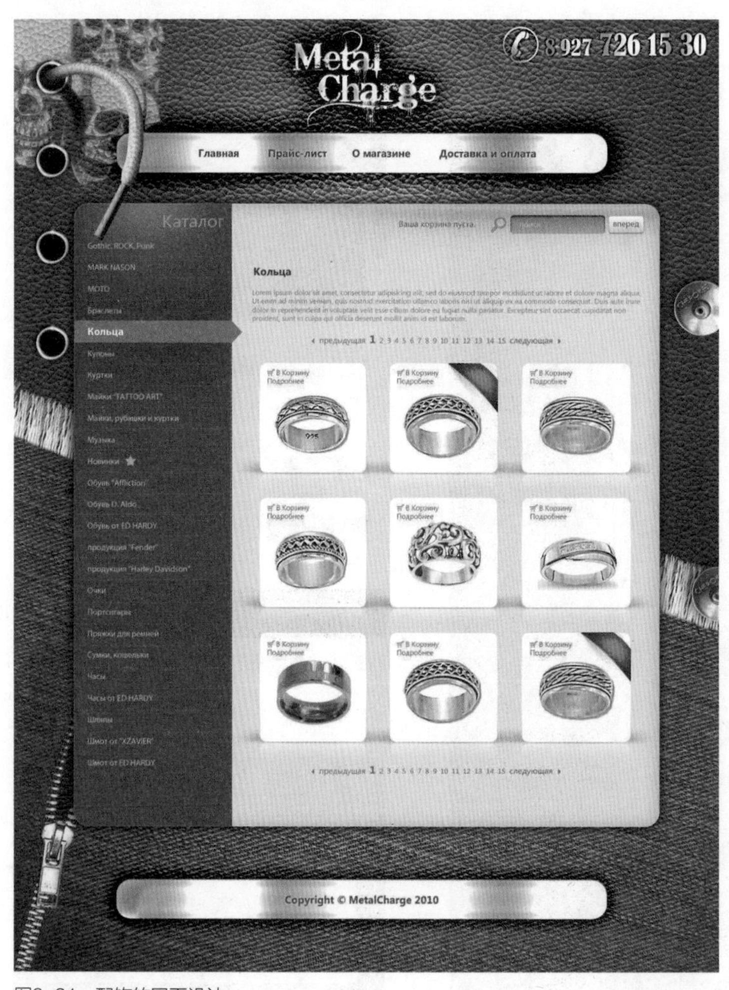

图3-21　配饰的网页设计

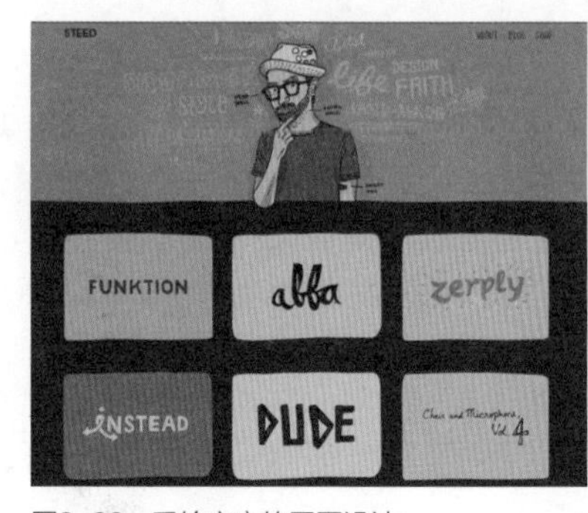

图3-22　手绘文字的网页设计

图3-23　图形化标题的网页设计

图3-24　美甲宣传网页设计

3.4　文字的叠置

文字与图像之间，或者是文字与文字之间可以进行相互叠置，在不影响文字可读性的情况下，可以增加界面的空间感、跳跃感、透明感等。类似于这样的活跃元素往往很容易成为人们的关注目标（如图3–25和图3–26所示）。

图3-25　具有空间感的网页设计

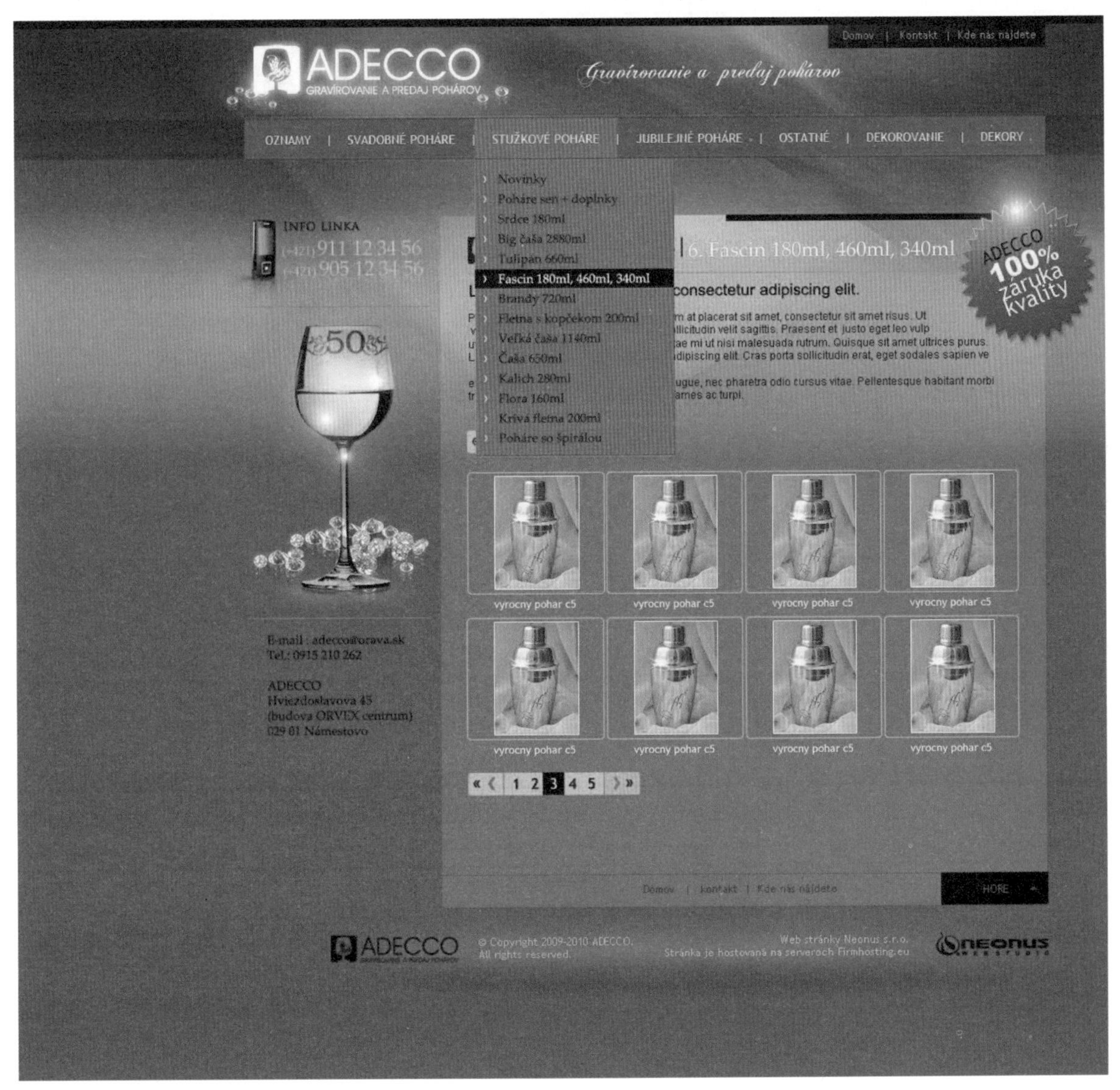

图3-26　器具购物的网页设计

3.5 标题与正文

在设计标题与正文字号的时候，首先要考虑到整体画面的统一性，再选择合适的字体、字号、颜色、字距、行距等元素。在分清楚主次关系后，可以通过一些图形来进一步衬托文字。标题文字的字号要明显比正文的字号大，吸引读者来关注内容，所以标题是整个文章概括性的文字，设计时一定要简洁醒目，突出主题（如图3-27和图3-28所示）。

图3-27 环境规划宣传网页设计

图3-28 科技产品宣传网页设计

3.6　文字编排的基本形式

文字的编排形式通常被归纳为以下5种基本形式，在平面设计中也会以此来分类，这些形式看起来很简单，但是却具有广泛的应用价值。在网页界面中，正文部分会有多个文字板块，我们需要对其进行编排，充分地发挥每个板块在界面中的作用（如图3-29～图3-32所示）。

3.6.1　两端对齐

两端对齐是文字从左端到右端的长度均衡，行首与行尾都左右对齐的一种形式。字群形成块状，这样的文字板块会显得严谨、端正，但是在排版的时候要调节字距，以保证每一行的首尾对齐。

3.6.2　居中对齐

居中对齐是以页面中心为轴排列，这种编排方式使文字更加突出，产生对称形式的美感。这种形式的排列方式适合简短的文字，如副标题和短篇文字，在西方被视为具有古典风格的形式。

3.6.3　左对齐

左对齐是行首排列整齐、行尾长短参差不齐的排列形式。这种排列方式解决了西方因单词包含的字符数量不等而不便于左右对齐排列的问题。现在这种排列方式被广泛应用，成为了现代编排文字的一种风格。

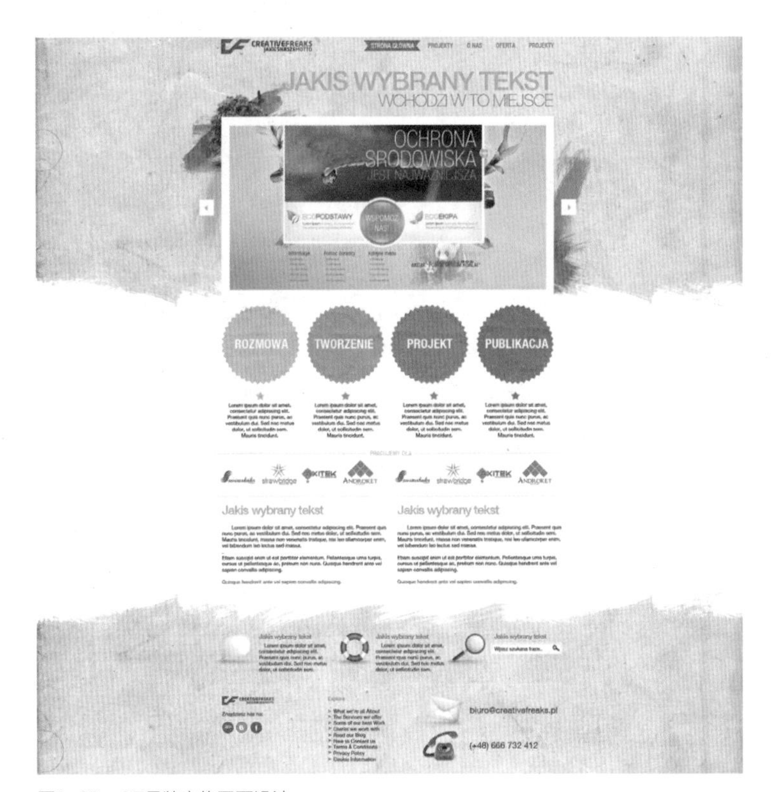

图3-29　CF品牌宣传网页设计

图3-30　造型宣传网页设计

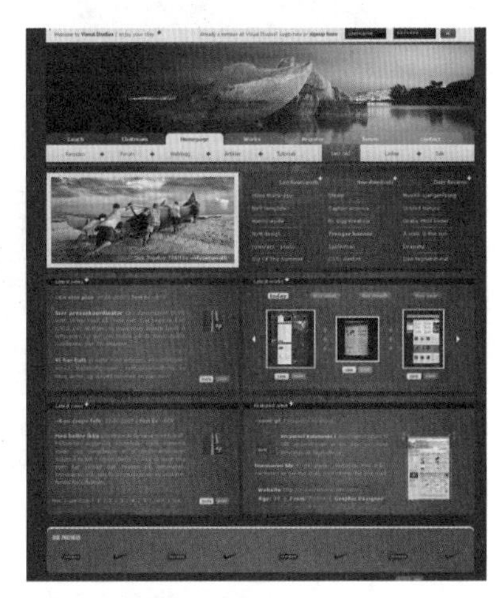

图3-31　品牌宣传网页设计

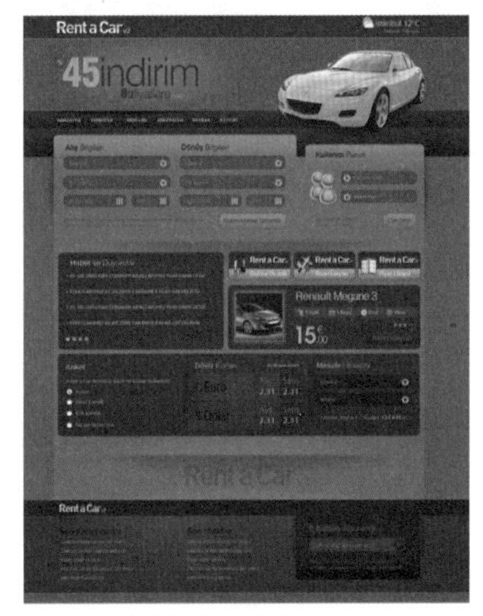

图3-32　汽车宣传网页设计

3.6.4 右对齐

右对齐与“左对齐”相对应。是将行尾对齐，行首不规则的排列方式。但是这种排列方式只适用于文字较少的段落，因为这种排列方式容易让用户找不着段落的开头，增加了阅读难度。

3.6.5 自由格式

这种格式的每行文字都没有明确的对齐线，文字的排列自由活泼，界面会显得更加生动活泼。但是这样的排版需要设计师精心调整以保证界面的美观。

3.6.6 中式竖排排版

这种排版更适用于传统风格的界面，文字从上往下，由右向左排列，通常上齐下不齐。这种排版方式是从中国古书籍上延伸而来的，具有传统美感，如图3-33所示。

图3-33 甜点的网页设计宣传

3.7　图像的处理

图像在表达信息上比文字更加直观、生动，可以将文字无法表达出的信息直接通过视觉传达出来，另外图像可以使页面更加活跃，能够使用户更加乐于浏览界面中的内容（如图3–34和图3–35 所示）。

3.7.1　图像的规格

图像在网页中的面积取决于图像的重要性，图像的外形、大小、数量等都与界面的整体风格有着密切的关系。大一点的图像更容易吸引用户的目光，更加具有感染力，小图像一般可用来装饰界面，能够起着呼应页面的作用。

3.7.2　图像的数量

网页设计中的图片不宜过多，图片的数量应该根据界面板块的需要进行添加，过多的图片会影响网页显示速度。

图3–34　图片应用的网页设计

图3–35　科技网页设计

3.7.3 图像的延续

由于电脑显示屏的限制，网页设计一般都会使用横向的设计，但有些网页也会使用竖排的板式设计，浏览者需要滚动页面才能显示全部内容。这并不代表我们需要将页面分割成几块内容，反之我们要保证页面的整体性，保证图像与文字的延续性，使浏览者在观看网页的时候保证视觉的统一与和谐（如图3–36～图3–3 9 所示）。

3.7.4 图像的裁切

1. 适形裁剪

用更合适的形状来对图片进行剪裁，也就是以某个统一的形状来作为边框范围剪裁图像。这是一种非常简洁有效的排版方式，可以使众多的图片统一在一致的规格中，使整个页面规整有序，形式丰富，页面充满活力。

图3–36 图像剪切的网页设计

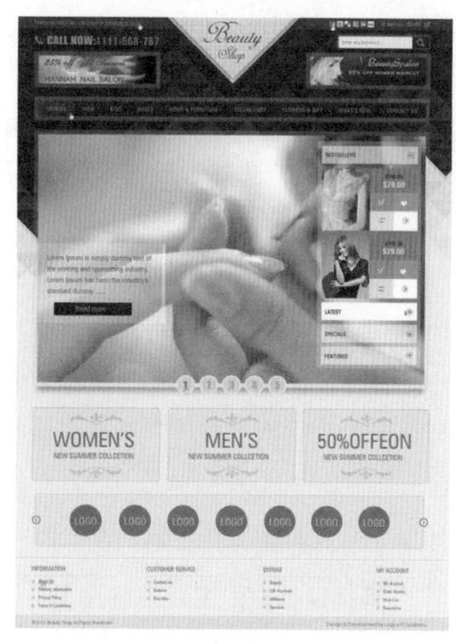

图3–37 美甲宣传的网页设计

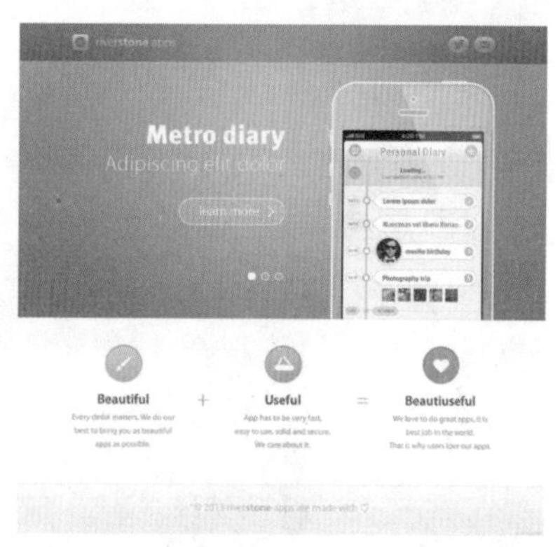

图3–38 手机界面网页介绍

图3–39 炫酷风格的网页设计

2. 异形裁切

异形裁切图像是随着空间的变化而变化的。根据主题的需求，图像的剪裁边缘不会受到限制，自由多变，比较利于版式编排。这种裁切方式个性独特，便于突出主题（如图3-40所示）。

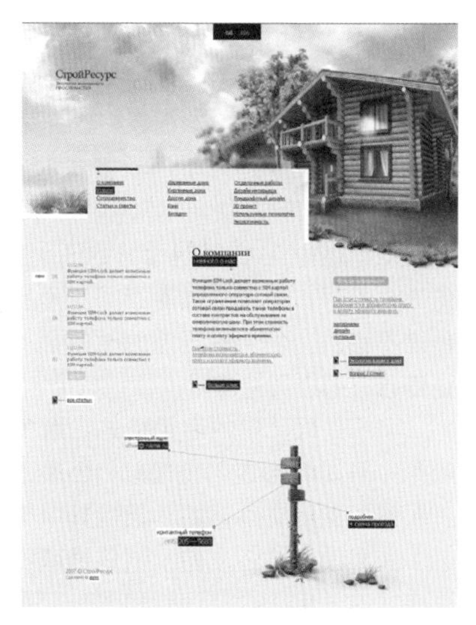

图3-40　异形剪切的图形网页

3. 退底图

退底图简单来说就是去掉照片上的背景，独留事物形象的一种方法。退底后，这样图文结合会显得更加自然，便于灵活服务于主题；另外去除复杂、不和谐的背景，能够使主题形象更加醒目突出，在版式排版上有更大的自由空间；而且取出底色的照片能够容易与版面中的颜色、图形、文字组合，使界面在整体视觉中更为和谐统一（如图3-41所示）。

3.7.5　图像的格式

网页设计中通常使用的图片格式有3种：GIF、JPEG和PNG格式，不常用的有BMP和TIFF图像格式。

GIF格式是网络图形标准之一，储存格式由1到8位。动态GIF图像中的每个动作都是由帧来组成的，每个帧显示出不同的动态图像，

图3-41　退底图片应用的网页

每个帧连续起来就变成了一种动态的图像，现在被广泛应用于网页设计中。静态GIF图像是经过压缩的格式，占用的空间较少，而且它的压缩是无损的，不会降低图片的质量。另外，GIF格式图像具有透明性的特征，在网页设计中使用起来会很方便。

JPEG格式包含了24比特的RGB色，其压缩技术很先进，不仅占少量的磁盘空间，而且得到的图像质量也是不错的。JPRG在压缩的时候会从原图像中去除一些信息，有损图片质量。

PNG是网页中的通用格式，最多可以支持32位的颜色，可以包含透明度或ALPHA通道，同时它也是网页制作的默认文件格式，但是其中包含特定的附加信息，如果没有插件支持，浏览器可能无法正常显示这种格式的图片（如图3—42和图3—43所示）。

图3-42　品牌宣传引入页

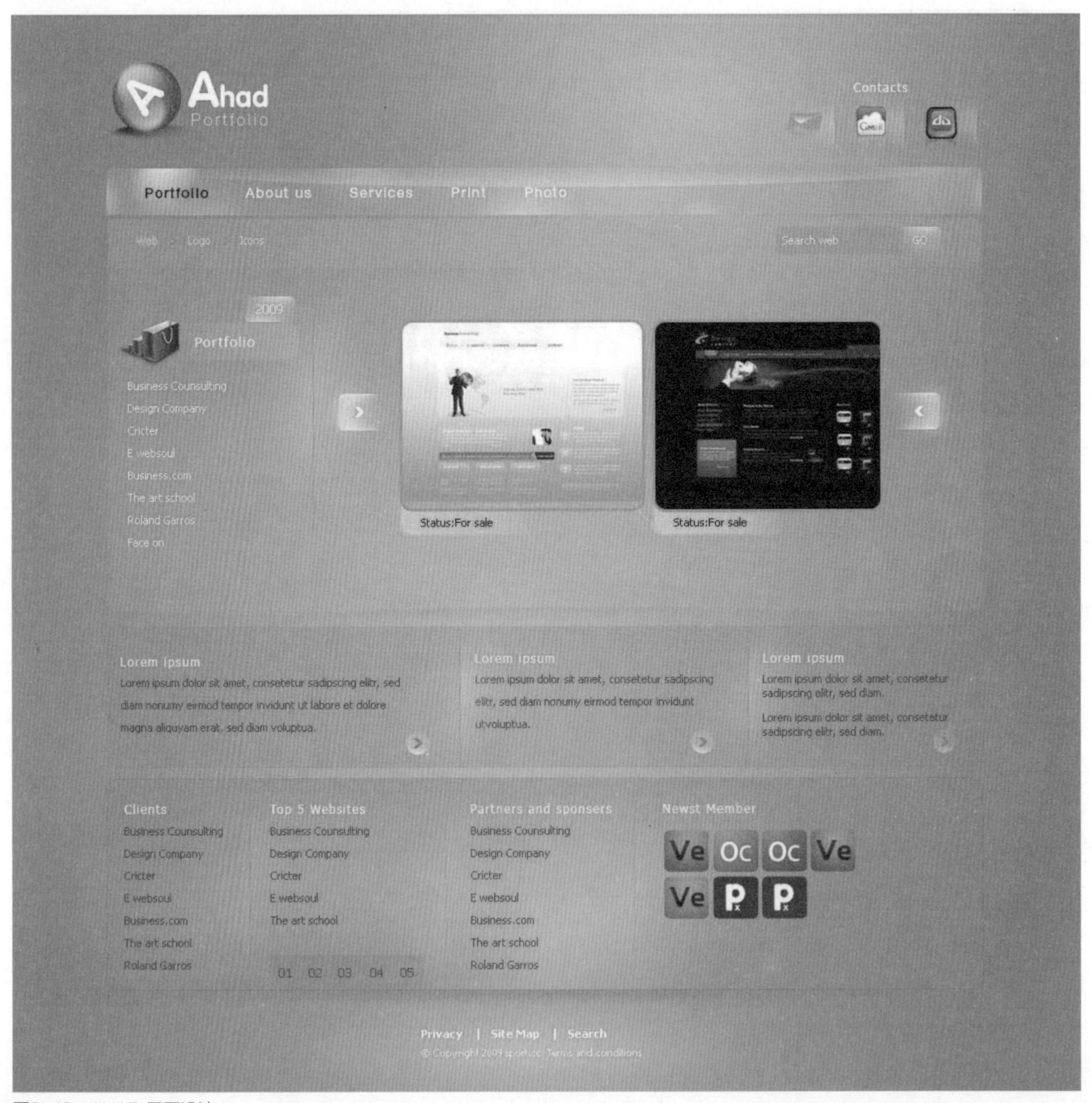

图3-43　AHAD 网页设计

第4章

色彩基础知识

主要内容：

本章主要讲授色彩的基础知识，包括色彩产生原理、色彩基本属性、色彩模式，以及色彩给人的心里感受、色彩的对比与调和等。

重点、难点：

本章的重点是色彩心理和色彩情感的掌握，而难点则是如何运用所学的色彩知识处理好网页设计中的色彩对比与调和。

学习目标：

了解色彩产生原理、色彩基本属性与色彩模式，掌握不同色彩给人们带来的不同色彩心理和色彩感受，学会运用色彩对比和色彩调和的方法与技巧。

我们的生活因有了颜色而丰富多彩。原来那个黑白显示器、黑白照片的时代已一去不返。随着科技的发展，现在的图文显示也变得绚丽缤纷，网页设计中颜色的运用必不可少。本章主要介绍色彩的相关基础知识，为设计网页中的色彩运用做准备。

图4-1　绚丽缤纷的颜色

4.1　色彩产生的原理

4.1.1　光与色彩

光线不足的情况下，我们的视觉会受到干扰和减弱，就如我们在特别黑暗的环境中什么都看不见。我们观看事物都是需要光线的，有光线便可以看见物体的形状和颜色，其中判断颜色，光线是必不可少的条件（如图4–1～图4–3所示）。

光是以波动的形式直线传播的，具有波长和振幅两个因素。波长不同产生的颜色也就不一样。光线的传播有多种形式，如直射、反射、投射、漫射、折射等。形式不同，视觉感受到的颜色也会不

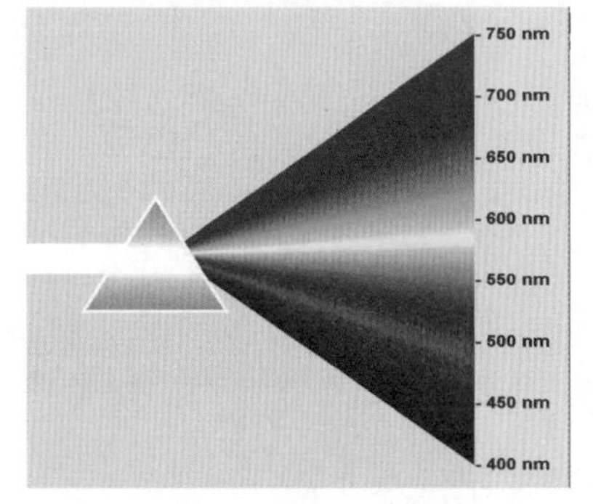

图4-2　光波长度示意图

图4-3　七色光影

一样（如图4-4和图4-5所示，是由多种色彩构成的图形）。

我们所看到的色彩是通过眼、脑和我们生活经验所产生的一种对光的视觉效应。当光源照射在物体上，光就会从物体表面反射到我们的眼睛里，这样我们就可以判断出物体的颜色。

当然，人对颜色的感觉不仅仅由光的物理性质所决定，人类对颜色的感觉往往受到周围颜色的影响。有时人们也将物质产生不同颜色的物理特性直接称为颜色。

图4-4　色彩拼接图形

图4-5　色彩构成图

4.1.2 光源色、环境色、固有色

图4-7 暖光源

光源色：指本身为发光体的物体投射出的颜色，除了日光的光谱是连续平衡地出现，其他我们所见到的光很少有完整的光谱色。通常光源有自然光、灯光、火光等几种。其中自然界的白光是由红、绿、蓝3种不同的波长组成的。不同光源的色相也不同，常说的有冷光源和暖光源。

环境色：物体表面受到光照后，除了吸收一定的光线外，也可以反射到周围的物体上。这里的环境色是指受光物体周围环境的颜色，是反射光的颜色，环境物体都是自身不反光，靠反射光源光来影响物体的。正常情况下，环境色是最复杂的，和环境中各种物体的位置、固有色、反光能力都有关系，例如白色立方体在受到紫色与红色的影响时，物体本身的颜色也产生一定的变化。

固有色：指受光物体本身的表面颜色，它的颜色决定了物体对外光的吸收和反射能力。光被物体反射或透射后的颜色就是眼睛看到的物体的颜色，是物体在不同光源下呈现的色彩。光的作用与物体的特性是构成物体色的两个不可或缺的条件（如图4–6～图4–9所示）。

图4-6 水果的固有色

图4-8 冷光源

图4-9 受环境色影响的正方体

4.1.3　色彩的三原色

我们所看到的颜色，有些可以分解成多个颜色，而三原色中的色彩是不能再分解的基本色。但原色可以合成其他的颜色，而其他颜色却不能还原出本来的色彩。

三原色一般分为两种：色光三原色、物体三原色。

色光三原色的颜色包括红、绿、蓝。人们的视觉是通过分辨光的波长识别出颜色，可见光谱中的大部分颜色可以由3种原色按照不同的比例混合而成。这3种光以相同的比例混合、且达到一定的强度，就呈现白色（白光）；若3种光的强度均为零，就是黑色（黑暗）。这就是加色法原理，加色法原理被广泛应用于电视机、监视器等主动发光的产品中。

物体三原色的颜色包括洋红、黄色、青色。三色相混，会得出黑色。物体不像霓虹灯，可以自己发放色光，它要靠光线照射，再反射出部分光线去刺激视觉，使人感受到颜色。另外，CMY三色混合，虽然可以得到黑色，但这种黑色并不是纯黑，所以印刷时要另加黑色（Black），用四色一起进行印刷（如图4−10～图4−13所示）。

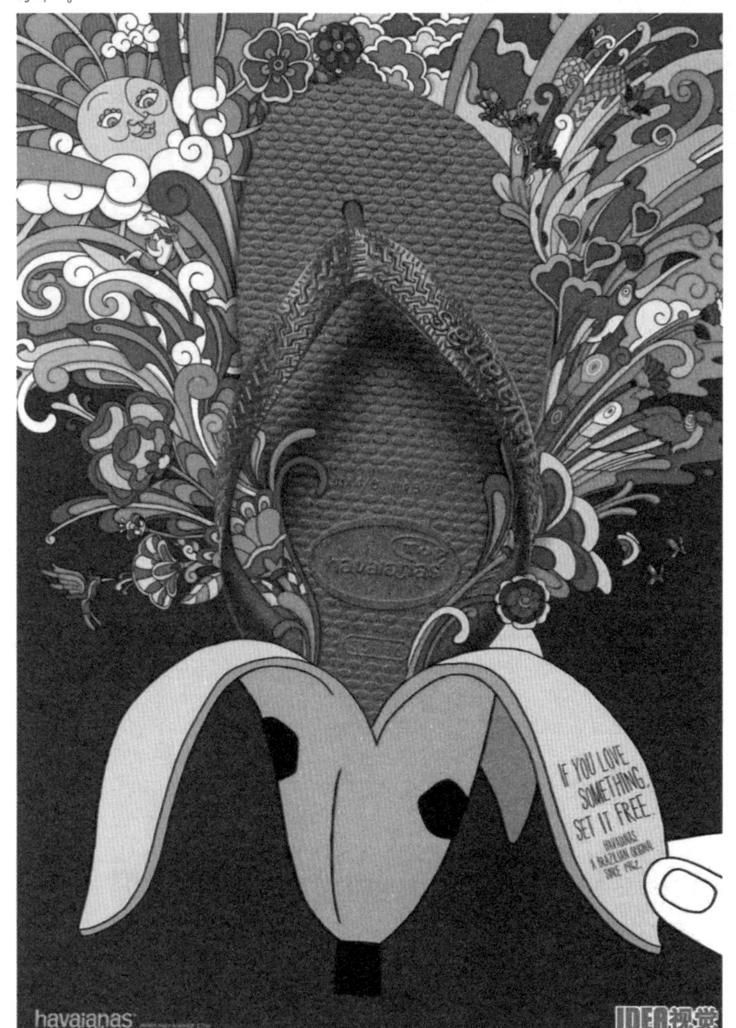

图4−10　利用三原色的海报设计

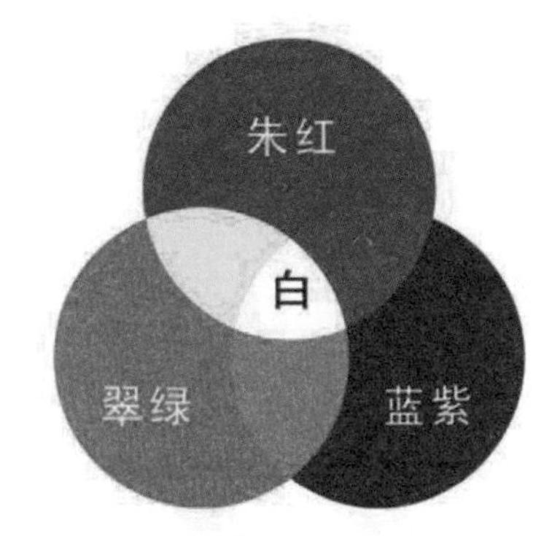

图4−11　色光三原色

图4−12　物体色三原色

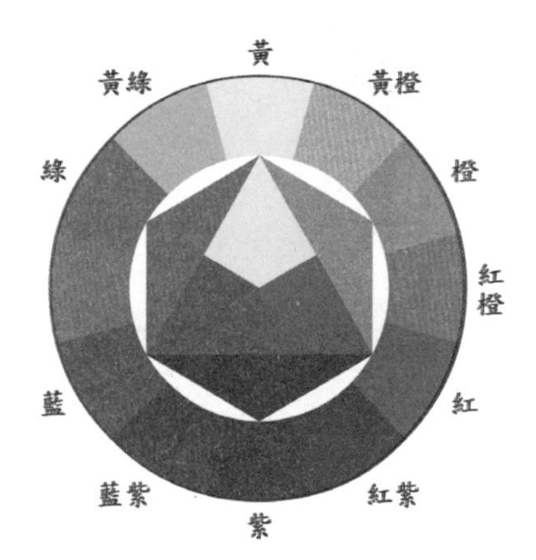

图4−13　色环

4.2 色彩的基本属性

4.2.1 有彩系与无彩系

色彩有无彩系与有彩系之分。无彩系有明暗，没有彩调，包括黑、白、灰。明暗是色彩观念中最原始的形体，就如我们学绘画都会先学素描，利用黑白灰来塑造物体形态。有彩系就是具有光谱上的某种或某些色相，例如红色、黄色、蓝色等七彩，统称为彩调。彩调具有3种特性，其一是色相；其二是明暗，也就是明度；其三是纯度，也就是彩度（如图4—14和图4—15所示）。

图4-14 彩色照片

图4-15 无彩照片

4.2.2　色彩三要素

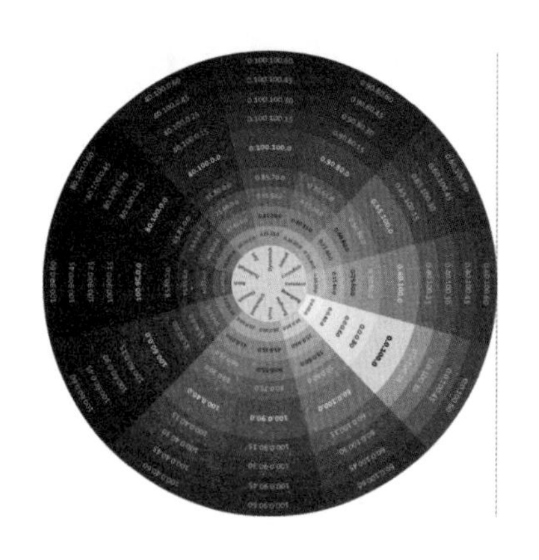

任何一种色彩都具有3种属性，在色彩学上也称为色彩的三大要素或色彩的三属性，即色相、明度、纯度。下面逐一介绍。

色相，色相也叫色泽，是指色彩的基本相貌。它是色彩的首要特征，也是颜色彼此区别的最主要、最基本的特征。除了黑、白、灰以外的任何颜色都有色相的属性。色相是由原色、间色和复色构成的，最能准确地区别各种颜色。那么什么是色相？色相就是色彩所呈现出的面貌，是由人眼的3种感色视锥细胞受到不同刺激后引起的不同颜色感受。它是不同波长的光刺激所引起的不同颜色的心理反应，就如我们看到的赤橙黄绿青蓝紫。

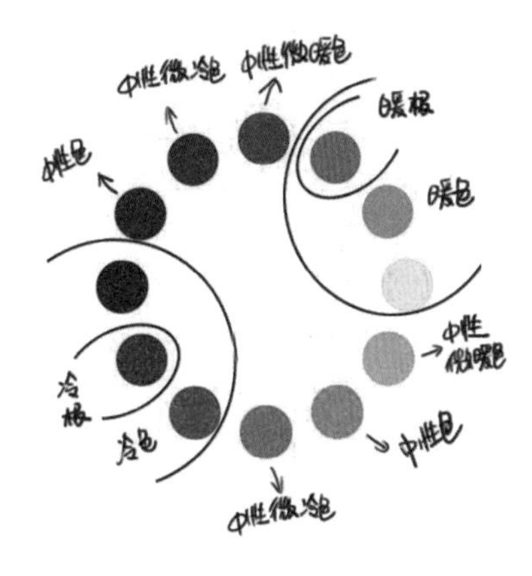

图4-16　色环的分析图

明度，是表示物体颜色深浅明暗的特征量，也就是指色彩的亮度，是色彩的第二种属性。通过明暗所呈现出来的颜色是不一样的，比如红色系就有深红、大红、粉红等。这些颜色在明暗、深浅上有不同变化，便是色彩的明度变化。其中，黄色、橙黄、黄绿色的明度最高，橙色、红色的明度居中，而青色和蓝色的明度较低。明度的变化分为3种情况：一种是不同色相之间的明度变化；一种是在某种颜色的基础上加白或者加黑，通过明暗来变化颜色；最后一种是指相同的颜色由于光照的强弱而产生的明度变化。

纯度，是指色彩的新鲜度。可见光谱的各种单色是最饱和的色彩，当光谱色加入白光成分时，纯度便会降低。从科学的角度看，一种颜色的鲜艳度取决于色相反射光的单一程度。人眼能辨别有单色光特征的色，都具有一定的鲜艳度。不同的色相不仅明度不同，纯度也不同（如图4–16和图4–17所示）。

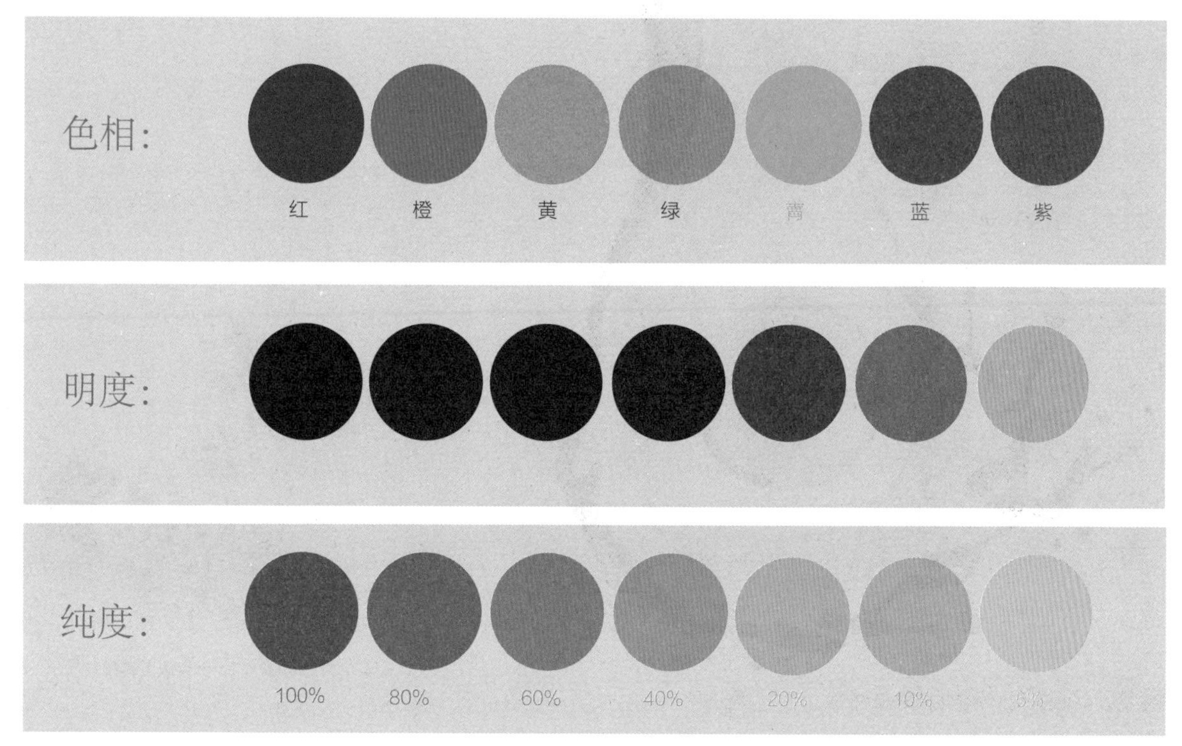

图4–17　三大要素的分析图

4.3 两种色彩模式

4.3.1 RGB 模式

RGB色彩模式主要用于计算机上显示的图形，也是工业界的一种颜色标准，是通过对红色（Red）、绿色（Green）、蓝色（Blue）3个颜色通道的变化，将它们相互配置得到的颜色。

RGB模式的配色原理：RGB中3种颜色加起来得到的是白色。显示器采用的是有色光，可以显示由红色、绿色、蓝色这3种色光按照不同的比例混合而成的任何颜色。

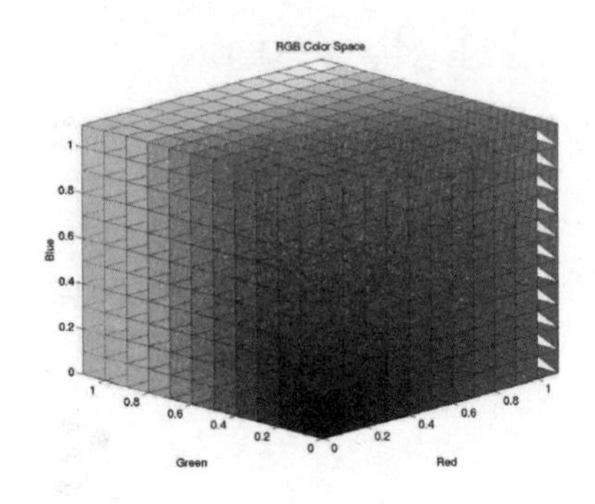

图4-19　RGB 色彩模式

4.3.2 CMYK模式

CMYK也称印刷模式，与RGB最大的区别在于RGB是一种会发光的色彩模式，而CMYK是一种依靠反光的色彩模式。在印刷中，C青色、M洋红、Y黄色、K黑色4种颜色，通常可以再现其他不同的色彩。

凡是印刷品上的图像，都是CMYK模式表现的，例如我们平时看到的宣传海报、杂志、报刊等。在印刷时，一个全彩的图像要经由4次油墨上色的过程，在CMYK模式下，任何全彩图像都有CMYK4个色板，每个色板上的图像由0%～100%的不同颜色组成（如图4–18～图4–21所示）。

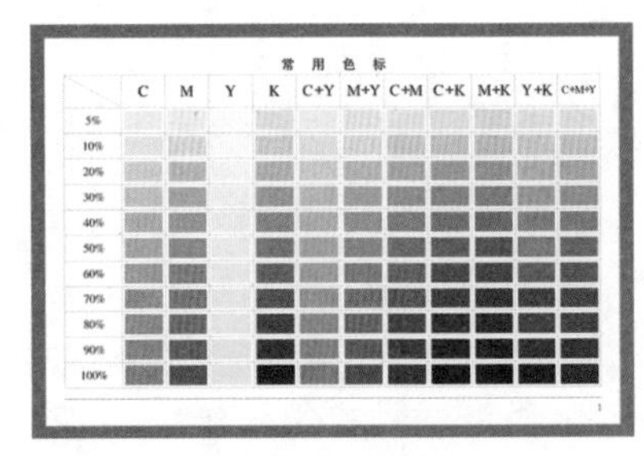

图4-20　CMYK 配色表

图4-18　RGB与CMYK可以互转模式

图4-21　RGB与CMYK可以互转模式

4.4　色彩的心理感觉

视觉是人们的第一感觉，我们在观看物体的时候，首先注意到的是它们的颜色。色彩表达人们的信念、期望和对未来的预测。在招贴、包装、广告、网页等设计中，毫无疑问色彩也是很重要的要素。好的色彩搭配可以刺激人们的视觉，通过不同的颜色表达出不同的情感，可起到诱惑、吸引、感动的作用。

人们的感觉器官是相互联系的，视觉受到刺激会诱发大脑及其他的感觉系统。在心理学上称之为"同感"。所以色彩可以对人们的心理联想及情感带来一些变化，在特定的颜色中会带有一些情感色彩，这些都是颜色与心理之间的关系。例如在医院，病房里面的布置及墙面都会使用白色，因为白色可以让人平静，可以使病人感觉到安宁。

4.4.1　色彩的冷暖感

色彩的冷暖感是人们对色彩本身的一种感觉。例如，冰雪温度低，我们自然看到蓝色就会感觉到冷，太阳发出的是红橙色光，于是我们便会感到红橙色温暖（如图4-22～图4-25所示）。

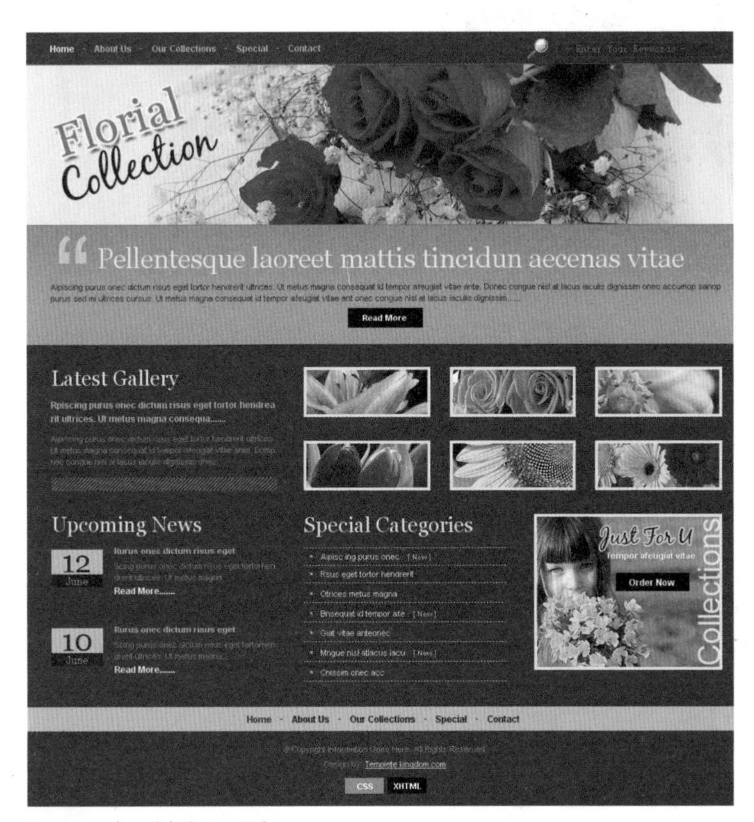

图4-22　冷暖对比的网页设计

图4-23　冷色调的网页设计

图4-24　暖色调的网页设计

图4-25　绿色的网页设计

4.4.2 色彩的空间感

我们会利用颜色的明暗、冷暖、色彩度来体现画面的空间感。造成色彩空间感的主要原因是色彩的前进与后退。暖色总会感觉比较靠前，而冷色总感觉会后退（如图4—26和图4—27所示）。另外色块的面积也影响空间感，例如大面积靠前，小面积靠后。

4.4.3 色彩的轻重感

色彩的轻重感也来源于我们日常生活中对事物的感觉，淡颜色会让人觉着很轻巧，例如，白色的棉花糖、花絮等；像煤炭、石头，这样的颜色自然而然会让人觉着很沉重（如图4—28和图4—29所示）。

色彩的轻重感与明度有着密切的关系，明亮的色彩会让人感觉很轻，而暗沉的颜色则会显得很重；明度相同时，色彩度高的比色彩度低的轻。所以用色彩来表达物体的轻重时，要注意什么颜色更有利于表达它的属性。

图4-26 冷色为背景的海报设计

图4-27 巴西足球的宣传海报（空间感）

图4-28 雪地为背景的广告设计

图4-29 金属元素的广告设计

4.4.4　色彩的味觉感

色彩之所以能给人带来味觉感受，完全是凭借人们对食物颜色的认知与感受。例如我们看到红色，会自然地感觉到甜，看到黄色、绿色，会联想到柠檬和不成熟的果子，觉得酸和苦涩。看到橘黄色，我们会想到橙子，自然会觉着很甜。很少食物会是蓝色的，所以蓝色不会给人带来味觉感受，我们在食品的宣传中也很少看到蓝色，因为蓝色不会给人带来食欲。

色彩可以刺激味觉，在食品宣传上对色彩的应用很讲究，不同的颜色让消费者所感受到的食品味道也是不一样的（如图4−30和图4−31所示）。

图4−30　薯条的创意海报

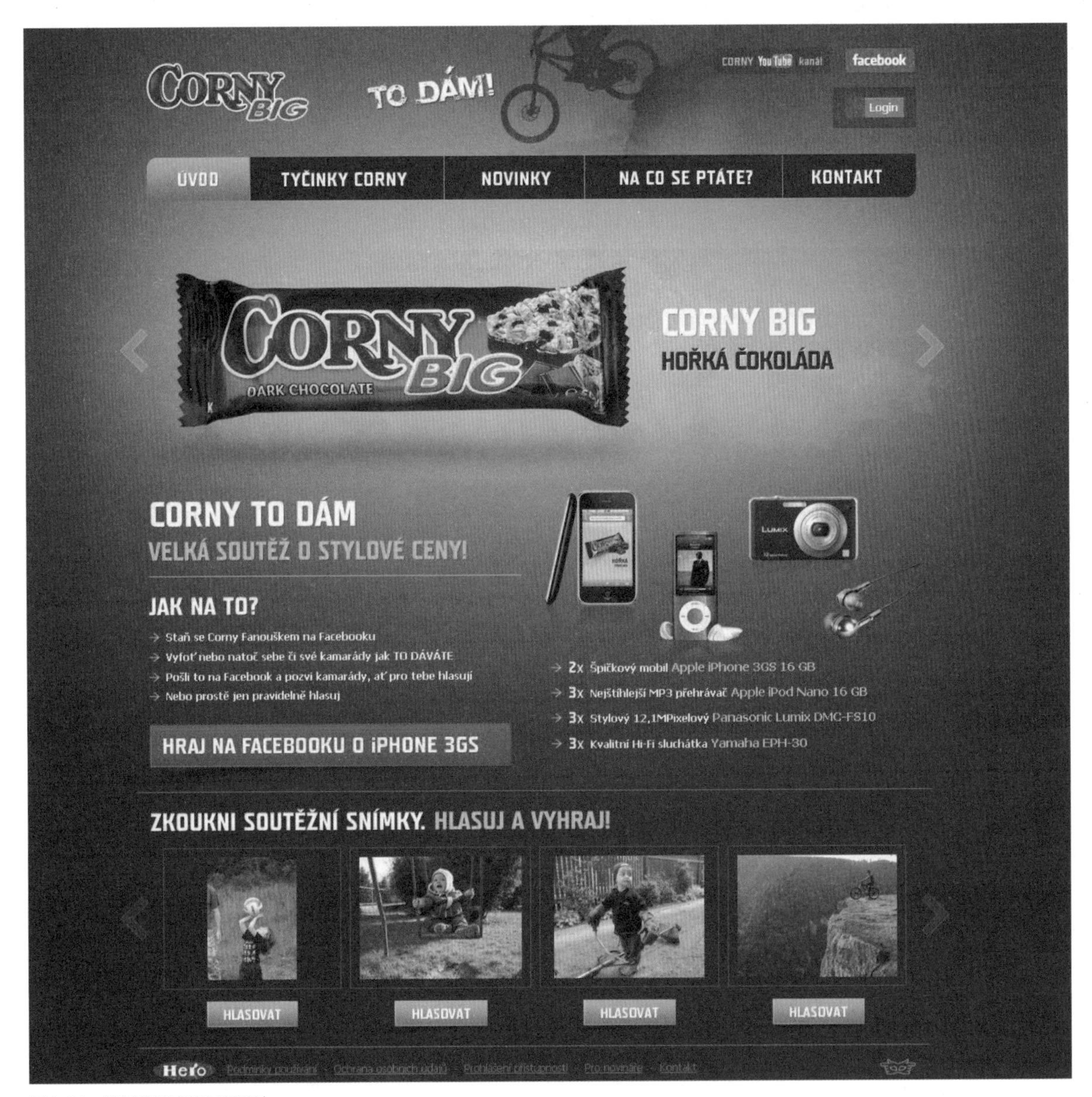

图4−31　能量棒的宣传网页设计

4.4.5 色彩的听觉感受

康定斯基认为“强烈的黄色给人的感觉就像尖锐的小号音色，浅蓝色的感觉就像长笛，深蓝色随着浓度的增色，就像低音提琴”（如图4—32和图4—33所示）。

色彩的乐感会随着色彩的明度、纯度、色相的对比引起心理感应。一般明度高的色彩会给人感觉音节高；明度低的颜色会让人感觉音色很低沉。在色相上，黄色代表欢快的曲调，橙色代表欢畅的曲调，红色代表热情激昂的曲调，而绿色代表闲情，蓝色代表哀伤。

4.4.6 色彩软硬感

色彩的软硬取决于明度和纯度，和色相关系不大。明度高、色彩度低的色彩具有柔软度，如粉彩色。明度低、色彩度高的色彩具有坚硬感；强对比色调具有硬的感觉；弱对比色调具有软的感觉。

4.4.7 色彩的强弱感

色彩的强弱感是由明度与色彩度决定的。高彩度、低明度的色彩色感强烈；低彩度、高明度的色彩色感弱。从对比的角度来说，明度上的长调，色相中的对比色和互补色色感较强；明度上的短调，色相关系中的同类色色感弱。

图4-33 吉他曲的海报设计

图4-32 小提琴宣传网页设计

4.4.8 色彩的兴奋与沉静感

色彩的兴奋与沉静主要取决于色相的冷暖。暖色系如红色、橙色，这些明亮而鲜艳的色彩可以让人感到兴奋。冷色系如蓝绿、蓝、蓝紫这些深谙而浑浊的颜色能够让人产生沉静感；中性色如绿色和紫色是不会让人感觉到兴奋与沉静的。

4.4.9 色彩的明快与忧郁感

色彩的明快与忧郁感主要受到明度和彩度的影响，色相的对比是次要因素。高明度、高彩度的暖色可以让人产生明快的感觉，低明度、低彩度的冷色可以让人产生忧郁感。无彩色的黑、白、灰中，黑色呈现忧郁感，白色呈明快感，灰色具有中性感（如图4-34所示）。

图4-34 电影海报

4.4.10 色彩的华丽与朴实感

色彩的华丽与朴实感与色彩的3个属性都有着密切的关系。明度高、色彩度也高的色彩显得鲜艳、华丽；明度低、彩度也低的色彩显得朴实、稳重。有彩色系具有华丽感，无彩色系具有朴实感；强对比色彩具有华丽感，弱对比色彩具有朴实感（如图4-35所示）。

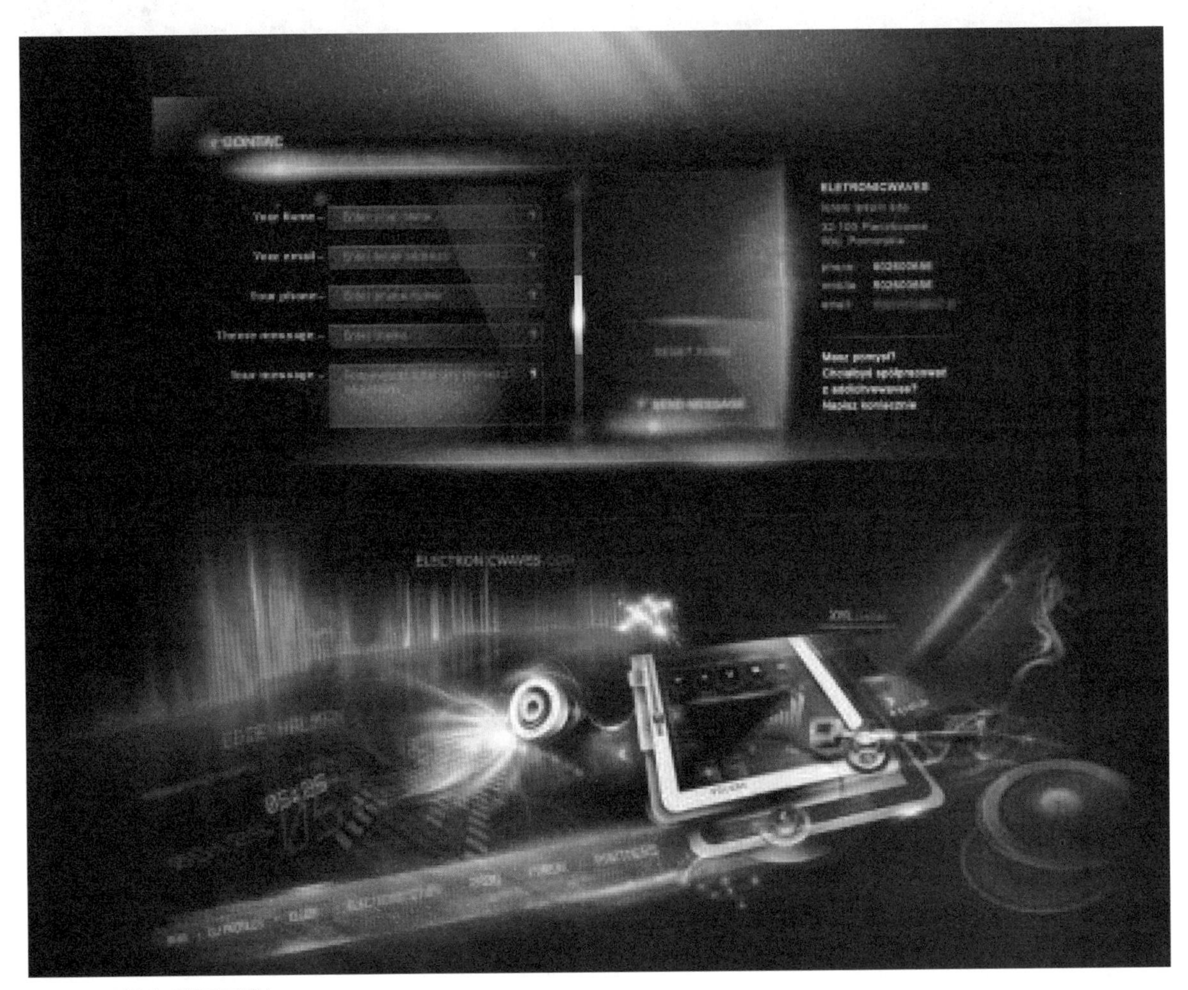
图4-35 酷炫音乐的网页设计

图4-36 食品宣传海报

图4-37 具有空间层次感的海报设计

图4-38 黑色为背景的食品宣传

4.5 色彩的表情

色彩心理效应还包括色彩表情。你也许会诧异表情不是人们的面部表情么？其实，这里的色彩表情是指色彩给人们带来的一种情感，或者是精神上的寄托或愿望。

颜色与情绪也有着关联，在日常生活中，人们会习惯性地把一种颜色与一种情绪联系起来。例如在结婚生子等喜事中，中国人习惯用红色来装扮，这样红色便与喜庆、幸福这样的词汇联系了起来；还有像国庆节、祝贺等场景也经常用到红色。但是红色也会出现在警示性场所中。所以红色既能给人带来兴奋、激动、喜悦、幸福的情绪，也会带来危险、不安、警惕等情绪。

像我们常见的橙色给人带来喜悦、朝气；绿色给人来带轻松、生机；紫色让人严肃、忧郁；灰色让人冷淡、消沉；黑色让人伤感、恐惧等，不同的颜色会给人带来不一样的情绪（如图4−36～图4−39所示）。

我们可以举例分析色彩的表情特征。

图4-39 儿童产品的宣传海报

4.5.1　热情奔放的红色

红色是可见光谱中光波最长的，属于暖色调。积极扩张的色彩能给人带来强烈的视觉冲击力，很容易惹人注意。不添加任何颜色的红色，向人传递出的是热烈、吉祥、兴奋，以及残酷、危险等信息。这就是为什么一些危险场所的标示会使用红色，其意义就是能够快速进入人们的视觉，并且传达出危险信号；比赛场所也会使用红色来当终点，以刺激运动员奋力一搏（如图4–40和图4–41所示）。

红色加入其他颜色后展现出的个性会截然不同。红色加入白色显露出一种甜蜜、温柔、浪漫的表情，让人联想到爱情、健康、和睦；红色加入黑色，会显得暗沉、消极与不安，甚至恐惧，让人联想到战争、伤害与死亡。

4.5.2　欢快活泼的橙色

橙色是仅次于红色的暖色调，毫无疑问也是具有朝气的颜色，会让人觉得开心、活泼、朝气蓬勃。橙色是红色与黄色的中和色，所以在视觉上不会给人带来很强烈的视觉冲击。但由于它是一种比较醒目的颜色，所以也特别容易引人注意（如图4–42和图4–43所示）。

图4-40　果酱的创意海报

图4-41　番茄酱的创意海报

图4-42　蜂蜜的创意广告

图4-43　薯条的创意广告

橙色是欢快的、愉悦的。在果实累累的秋季，橙色是最常见的颜色。因此橙色容易让人联想到果实、成熟、华丽、富裕等，而且橙色可以刺激人们的食欲。

4.5.3 生机活力的绿色

绿色是植物的颜色，可以给人希望、宁静的感觉。绿色系中有很多种绿色，是个非常灵活的色彩，它可以在色盘的黄绿色端显得很“温暖”，又可以在蓝绿和碧绿方向显得有些“冷”（如图4—44和图4—45所示）。

4.5.4 明朗灿烂的黄色

黄色的明度最高，是一种高可见的色彩。黄色与橙色和红色一样同属于暖色，能给人带来明亮的感觉，有着快乐、希望、智慧和勤快的个性。它有大自然、阳光、春天的涵义，而且通常被认为是一种快乐和有希望的色彩（如图4—46和图4—47所示）。

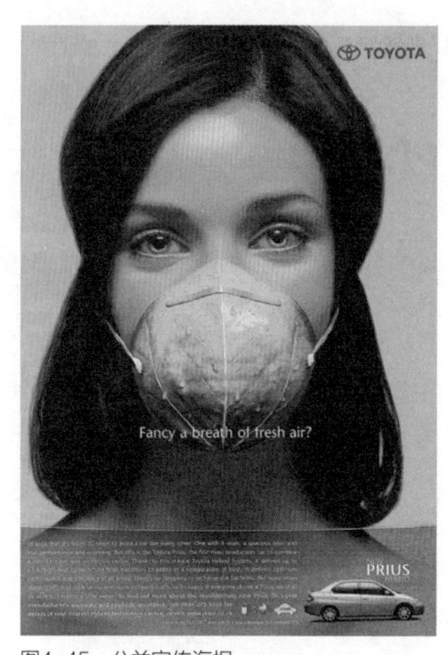

图4-45　公益宣传海报

图4-44　饮品宣传海报

图4-46　黄色背景的创意设计

图4-47　伏特加宣传海报

图4-48　蓝色调创意海报

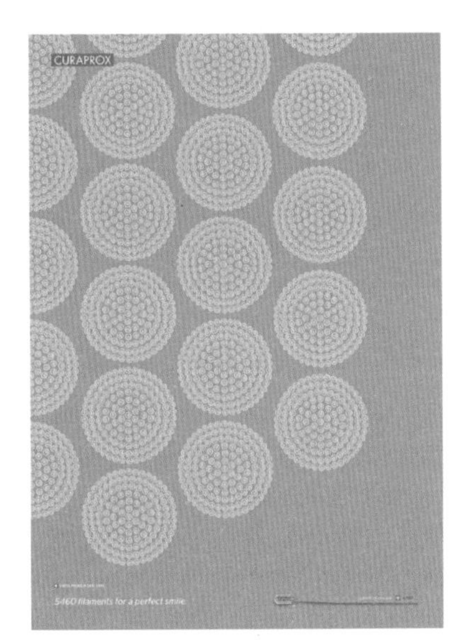

图4-49　蓝色背景的创意海报

图4-50　汽车宣传的网页设计

4.5.5　平静冷漠的蓝色

蓝色是博大的色彩，是天空的蔚蓝，是海水的幽蓝，会让我们联想到无限的宇宙和流动的大气。蓝色是最冷的颜色，代表一种平静、理智与纯净的色感。浅蓝色常给人一种清爽、专业的感觉，而深蓝色则给人传递出凝重的气氛，显得严禁、规矩（如图4–48和图4–49所示）。

4.5.6　神秘虔诚的紫色

紫色是一种很神秘的颜色，有时候能够给人压迫感，有时候能够给人威胁性，还有的时候会给人比较浪漫、柔情的感觉。

4.5.7　酷意十足的黑色

黑色给人一种深沉、可靠、安全的感觉，是一种百搭的色彩。黑色具有高贵、稳重，科技的意象。像电脑、音响、仪器等产品，都经常会用到黑色来设计网页（如图4–50所示）。

4.5.8　纯净的白色

白色给人的感觉纯真洁净。网站设计中经常都会用到白色。白色加入其他颜色会使其性格变得柔和，例如寒冷的蓝色搭配上白色会显得比较纯净、无邪（如图4–51所示）。

图4-51　白色背景的网页宣传

4.6 常用色彩的处理方法

4.6.1 色彩的对比

色彩的对比包括冷暖对比、色相对比、明度对比、纯度对比、补色对比，以及面积对比。

1. 冷暖对比

首先要知道什么是冷色调，什么是暖色调。冷色调是指青、蓝、紫，以及由它们构成的色调。冷色调给人清凉甚至是冰冷的感觉。如果冷色调的亮度偏高则会偏暖（如图4–52～图4–55所示）。

暖色调则是指红色、橙色、黄色，以及由它们构成的色调。暖色调能够给人热情、温暖的感觉。冷色调的亮度偏高，颜色会偏暖。暖色调在情绪上能够让人兴奋、激动、活泼，冷色调让人感到安静、沉稳、踏实。暖色会显得很涨眼，有突进的感觉，而冷色则有收缩的感觉，例如在室内设计的时候，面积大的房间则不适合用浅色的地板或者是用冷色的光线及家具布置，这样空间会显得很空旷，没有安全感。如果使用暖色系布置的话，屋内会让人感觉舒适温暖。另外，在重量上，浅一点的颜色，如白色、黄色会让人感觉

图4–53 冷色系

图4–54 暖色系

图4–52 冷暖对比的海报设计

图4–55 绿色的网页设计

物体很轻巧，如果是黑色的话，则会让人感觉很笨重。这就是为什么我们居家的地板大多会使用深色，而天花板则使用浅色。

2. 色相对比

色相对比包括同类色相对比、邻近色相对比、对比色相对比和互补色相对比（如图4–56～图4–59所示）。

- 同类色相对比

同类色相对比是同一个色相里的不同明度与纯度色彩的对比。这种色相的统一，不是各种色相的对比因素，而是色相调和的因素，也是把对比中的各色统一起来的纽带。因此，这样的色相对比，色相感就显得单纯、柔和、协调，无论色相倾向是否鲜明，调子都很容易统一调和。这种对比方法比较容易为初学者掌握，仅仅改变一下色相，就会使总色调改观。这类调子和稍强的色相对比调子结合在一起时，则令人感到高雅、文静，相反则令人感到单调、平淡而无力。

- 邻近色相对比

邻近色相对比的色相感，要比同类色相对比明显一些、也丰富、活泼些，可稍稍弥补同类色相对比的不足，但不能保持统一、协调、单纯、雅致、柔和、耐看等优点。当多种类型的色相对比色放在一起时，同类色相及邻近色相对比，均能保持其明确的色相倾

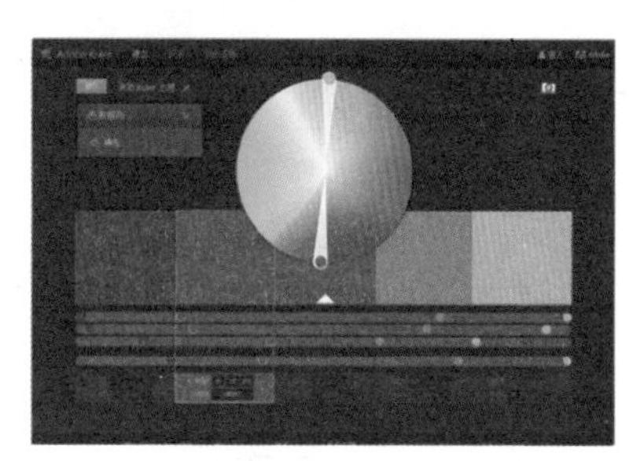

图4–57　补色信息图标

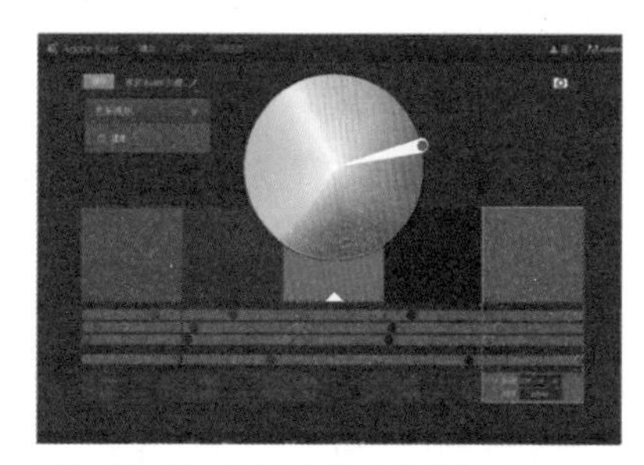

图4–58　同一色相不同明度的信息图标

图4–56　蓝色与红色对比的网页设计

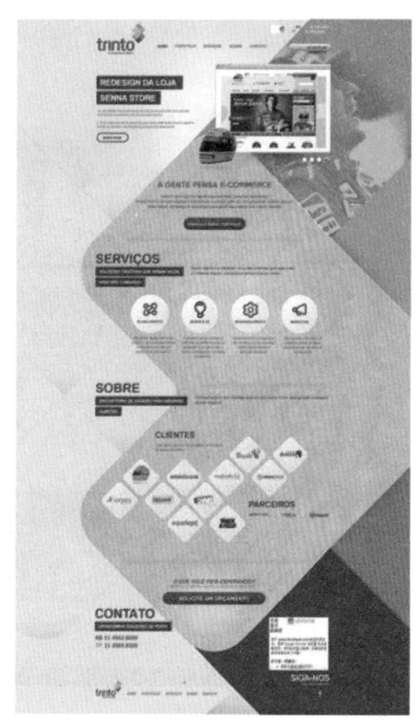

图4–59　互补色的网页设计

向与统一的色相特征。这种效果显得更鲜明、更完整、更容易被看见。这时，色调的冷暖特征及其视觉效果就显得更有力量。

• 对比色相对比

对比色相对比的色相感，要比邻近色相对比鲜明、强烈、饱满、丰富，容易使人激动兴奋，也容易造成视觉及精神的疲劳。它们的组织比较复杂，统一的工作也比较难做。它虽然不容易显得单调，但却容易产生杂乱感和过分刺激感，造成倾向性不强、缺乏鲜明的个性（如图4—60和图4—61所示）。

• 互补色相对比

互补色相对比的色相感，要比对比色相对比更完整、更丰富、更强烈、更富有刺激性，对比色相对比容易使人觉得单调，不能适应视觉的全色相刺激的习惯要求，而互补色相对比就能满足这一要求。它的短处是不安定、不协调、过分刺激，给人一种幼稚、原始和粗俗的感觉。

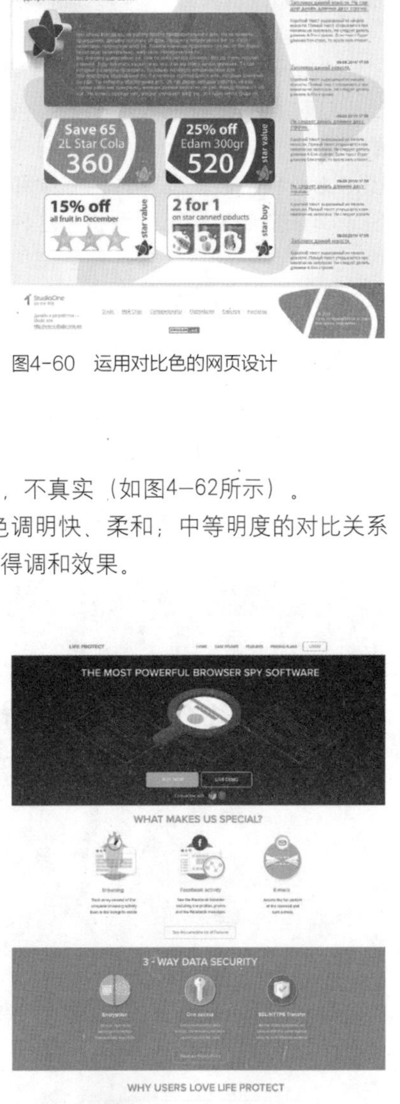

图4-60　运用对比色的网页设计

3. 明度对比

明度对比是色彩明暗程度的对比，也可以称之为色彩的黑白度对比。物体的结构空间关系都是靠色彩的明度对比来表现的，明度对比强烈，则会显得比较坚硬、具有爆发性，对比较弱的话则会显得模糊，不真实（如图4—62所示）。

高明度的对比关系可以降低色相的差异，而产生统一的感觉，整体色调明快、柔和；中等明度的对比关系给人以含蓄厚重的感觉；低明度的对比关系色相和纯度差异较弱，容易取得调和效果。

图4-61　甜品宣传的网页界面

图4-62　同一色相不同明度的网页设计

4．纯度对比

纯度是指色彩的单一程度，也叫色彩的饱和度。比如翠绿的纯度就比粉绿高，大红的纯度比紫红高（如图4－63所示）。

图4-63　宣传海报（运用不同纯度的绿色）

5．补色对比

补色在色相环节上呈现180度对立，视觉对比强烈，例如红色与绿色的对比、紫色与橙色的对比等。

6．面积对比

面积对比是指色域之间大小或多少的对比现象。色彩面积的大小对色彩对比关系的影响非常大。如果画面上的不同色彩在面积上保持近似大小，会让人感觉到呆板，缺少变化。色彩面积改变以后，就会给人的心理遐想和审美感观带来截然不同的感觉（如图4－64所示）。

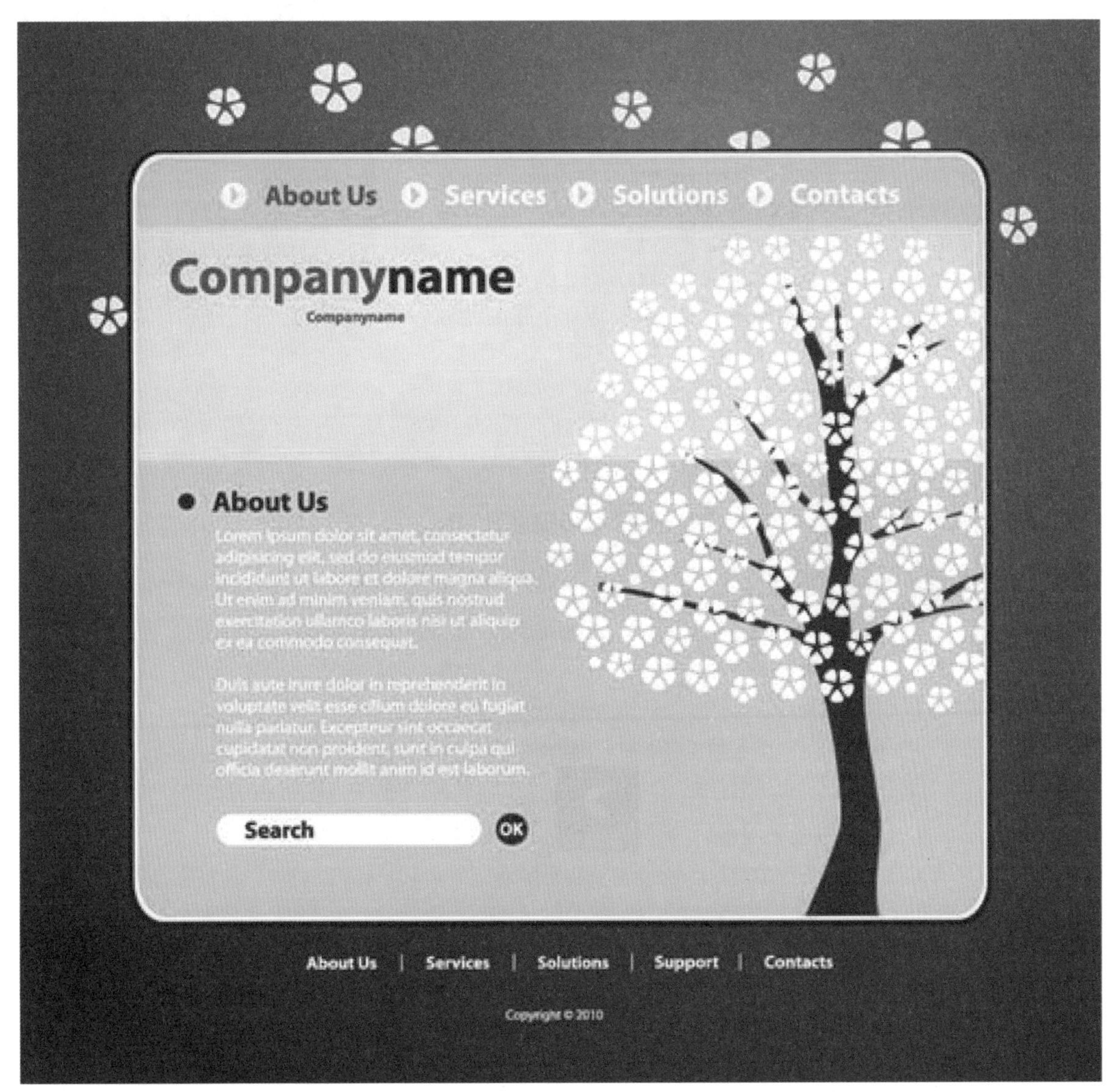

图4-64　不同的颜色面积会给人带来不同的心理感受

4.6.2 色彩的调和

色彩调和是指两种或多种颜色有序而协调地组合在一起，能够使人产生愉悦、舒畅的感觉。色彩对比是为了寻求色与色的差别，而色彩调和则是为了达到色与色之间的关联（如图4−65和图4−66所示）。

色彩调和的常见方法是选择一组邻近色或者是同类色，通过调整面积、明度、色相、纯度与间隔来调节色彩效果，保持画面的秩序感和条理性。

（1）面积调和，是指整个色彩的面积有主有次，对比鲜明，让人能够看出主色与配色。例如补色对比效果强烈，可以用面积来调和。

（2）明度调和，是指在色彩明度对比过于强烈的情况下，将彼此的明度调低，减弱色彩冲突，增加调和感。

（3）色相调和，在色相环中，对比色、互补色的色相对比强烈，可以多使用邻近色和同类色，以获得调和效果。

（4）纯度调和，是在色相对比强烈的情况下，为达成统一的视觉效果，可以在色彩中互相加入彼此的色素，以降低色彩的纯度，达到协调的目的。

（5）间隔调和，是指当配色中相邻的色彩过于强烈时，可以采用另一种颜色来缓冲以降低对比度。相邻色彩过于融合，也可以采用这种方法来使对比模糊的颜色变得明朗。

间隔色有3种：一是无彩色，包括黑、白、灰；二是用金色、银色；三是用彩色系的颜色，由于是作为过渡，因此不要太过明显。

图4−65 通过明度变化调和的网页设计

图4−66 运用纯度调和的网页设计

第5章

网页配色与风格

主要内容：

本章主要讲授什么是网页设计中的安全色、网页设计中的颜色搭配分析，以及配色空间构成给人的网页风格印象。

重点、难点：

本章重点要掌握网站色调与配色，了解不同颜色所传递出的情感；难点是要了解网站配色与风格，在色彩空间构成中，不同的色相、明度与纯度传达不同的印象风格。

学习目标：

了解网页安全色，掌握基于不同色相的网页设计，认识和了解不同颜色所传递出的视觉感受和心理影响，以及如何应用在网页设计中。

5.1 216网页安全色

我们使用的计算机由于系统、浏览器、显卡等差异，使我们看到的图像、颜色会不一样。这样会影响到我们最初的设计作品，导致想要表达的作品不能完全地展现出来，这就是为什么会有网页安全色的出现。

目前，使用最为广泛的操作系统莫过于Windows、Mac、Linux、Unix等几种。而这些系统在显示色彩的适合度时，也会存在一些差异，计算机显卡的优劣与支持的真彩色也会影响到网页中色彩的效果。计算机在浏览网页内容时，必须使用相应的网页浏览工具，如果不同浏览器内置了不同相同的调色盘，所显示出的页面还是会有色差。如果是这样，在进行网页设计中，你所想要表达出的效果就很难准确地传达给浏览者（如图5−1～图5−4所示）。

图5−2　六边形网页配色表

图5−3　暖色配色图表

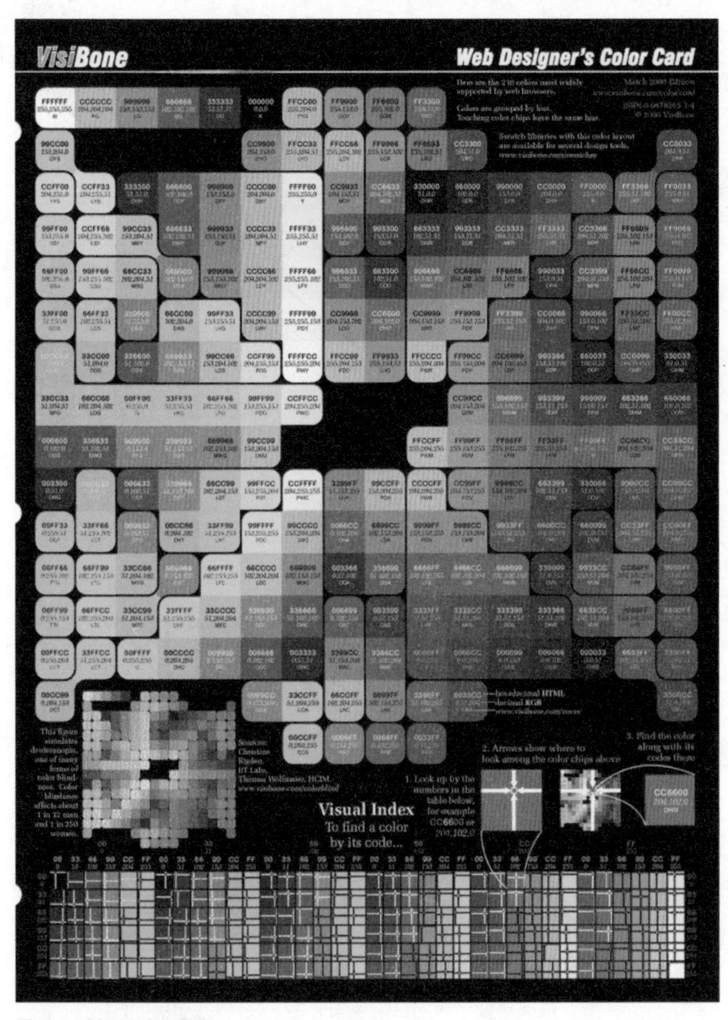

图5−1　网页安全配色表

图5−4　冷色配色图表

216网页安全色是可以在不同硬件环境、不同操作系统、不同浏览器中都能够正常显示的颜色合集。216种网页安全色是最早开始使用互联网的一些发达国家花费了很长时间探索解决的，可以帮助人们避免在网页设计中出现色差、失真等情况。

网络安全色是当红色、绿色、蓝色的颜色数字信号值为0，51，102，153，204，255时构成的颜色组合，一共有216种颜色，其中有210种色彩，有6种非色彩。

在没有使用安全色的情况下，其他浏览器打开网页时颜色效果会相差很大，因为在打开浏览器的时候，浏览器内置没有一模一样的颜色，目标色彩信息不稳定，会通过混合其他相近颜色模式显示目标色彩。这个时候，色彩便会有所差异，有的时候会导致图片失真等情况出现。

216网页安全色是根据当前计算机设备情况反复分析得到的结果，我们可以利用它来设计出更加安全稳定的网页。但我们在设计网页的时候，不一定非要局限在216种色彩中，也可以利用其他颜色来进行搭配。在充分熟练色彩搭配后，我们可以更好地将216网页安全色与非网页安全色结合起来搭配使用，设计出更加新颖的网页（如图5–5～图5–8所示）。

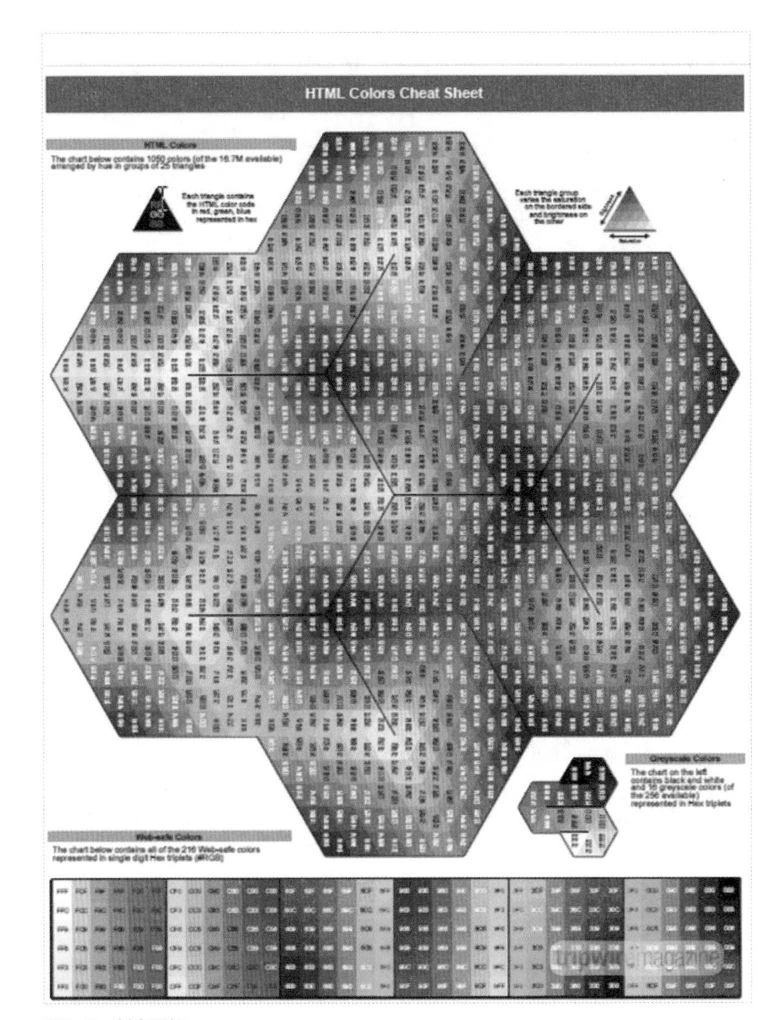

图5-5　创意图标

图5-6　216安全配色

图5-7　安全色显示的配色信息

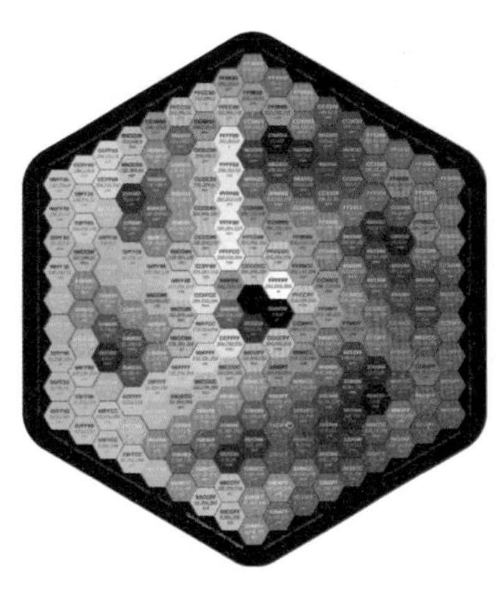

图5-8　棋盘型的安全提示图标

5.2 网站色调与配色

5.2.1 红色

红色色感温暖，性格刚烈而外向，是一种对人刺激性很强的颜色。红色容易引起人的注意，也容易使人兴奋、激动、紧张、冲动，常被用来传达具有活力、积极、热诚、温暖以及前进等含义的企业形象与精神，这些信息取决于跟什么颜色搭配。以红色为主色调的网页能够给人强烈的视觉冲击，且富有个性、富有活力，通常可以搭配白色、黑色、棕色、褐色等（如图5-9所示）。

图5-10所示是自行车的宣传网页，主色调用了红色与深灰色。虽然色块的面积相等，但鲜艳的红色明显要夺目许多。也正因为如此，产品的效果图及品牌logo放置在红色色块中，会首先引入眼帘，提高人们对产品的兴趣。

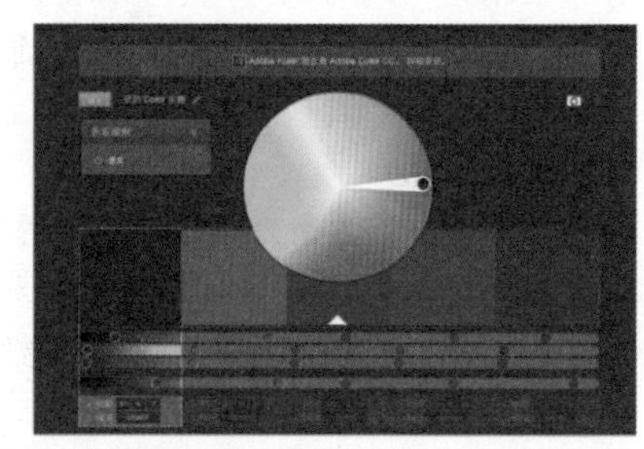

图5-9 红色信息图

图5-10 自行车宣传网页设计

分析：红色之网页配色

红色配上不同的颜色所带来的感觉也不一样，与暗红、鹅黄、巧克力色相配时，界面被浓郁的香味所包围，让用户看起来很有食欲，能够起到宣传促销的作用。图5-11和图5-12所示都是有关食品的网页设计。在汉堡宣传的网页设计中，刚出炉的汉堡、浓郁的可可，好似就在眼前，整个页面充满了香甜的味道；西餐厅的用色则是巧妙地使用了高亮度的红色与黑色这种非彩色搭配，给人一种强烈的现代时尚感。

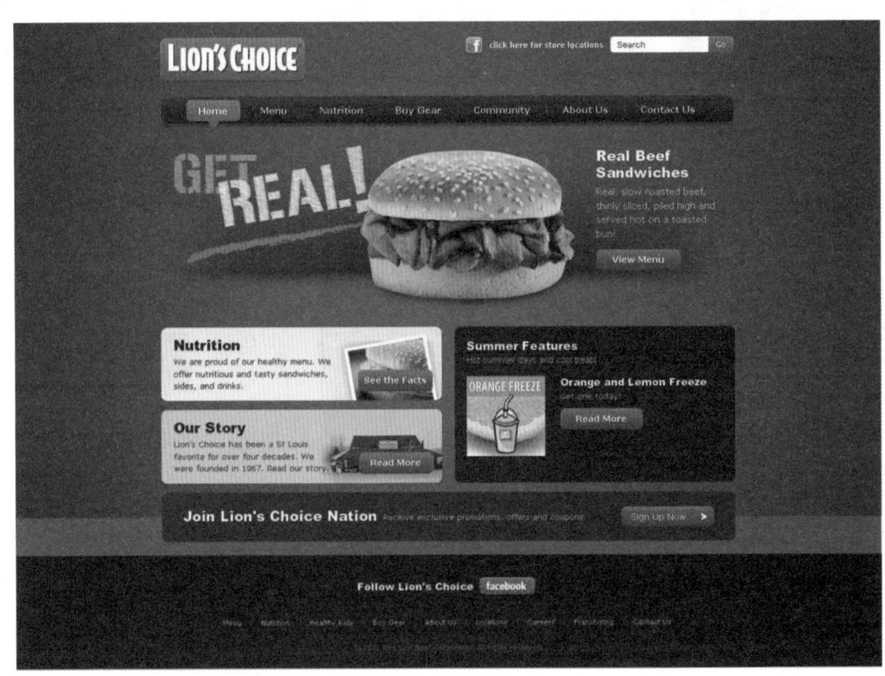

突出色

R:255
G:255
B:255

辅色调

R:236
G:205
B:123

R:95
G:3
B:6

主色调

R:171
G:7
B:18

R:65
G:1
B:2

图5-11　汉堡快餐宣传网页设计

突出色

R:232
G:219
B:187

辅色调

R:0
G:0
B:0

R:203
G:123
B:2

主色调

R:175
G:32
B:15

图5-12　西餐厅宣传网页设计

图5–13所示网页设计主色调使用了红色，辅助色使用了黄色与黑色。鲜明的黄色与红色的过渡渐变，让整个页面看起来特别喜庆、富有朝气，在欢快的气氛中向用户来介绍店内的产品。

图5–14所示是亨氏产品宣传网页设计。网页主色调使用了咖啡色，辅色调使用了薄荷绿、烟灰蓝和白色，凸显了鲜艳的红色，让界面看起来恬静香醇，又不失热情。

图5-13 葡萄酒与西餐的网页宣传设计

突出色

R:155
G:46
B:41

辅色调

R:255
G:255
B:255

R:169
G:178
B:121

R:128
G:155
B:148

主色调

R:84
G:57
B:40

图5-14 亨氏产品宣传网页设计

5.2.2　橙色

橙色为二次颜料色，是红色与黄色混合后的颜色。橙色在空气中的穿透力仅次于红色，它没有红色那么艳丽，但给人的感觉却比红色要温暖得多。橙色混入白色的话能够让人感觉很甜蜜、幸福。混入黑色的话能给人一种庄严、尊贵、神秘的感觉（如图5–15所示）。

黄橙色的明视度高，在工业安全用色中，救生衣、背包等都会用上橙色来引起注意。在食品宣传中大多数也会用到橙色。据说橙色可以刺激人们的食欲，所以我们在食品包装上会常见到橙色。

图5–16所示是一家餐厅的宣传网页。网页中以橙色的类似色来设计，使用了相同色相不同色调的渐变渲染效果，刻画出餐厅诚信服务的形象。整个网站通过丰富的色调变化做到了整洁、优雅中又不失变化的效果。使用黄色与绿色作为辅助色，给稳重的网页中添加了几分欢快与生机。黄色的绸缎更是让网页变得柔情而浪漫。

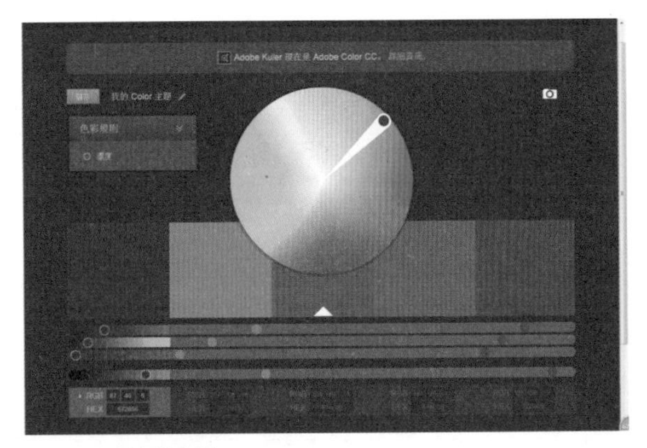

图5-15　橙色信息图

整个网页的设计很好地树立了餐厅的形象：诚信服务、浪漫优雅、品质到位。同时，也对餐厅的食物与葡萄酒做出了独到的描述。

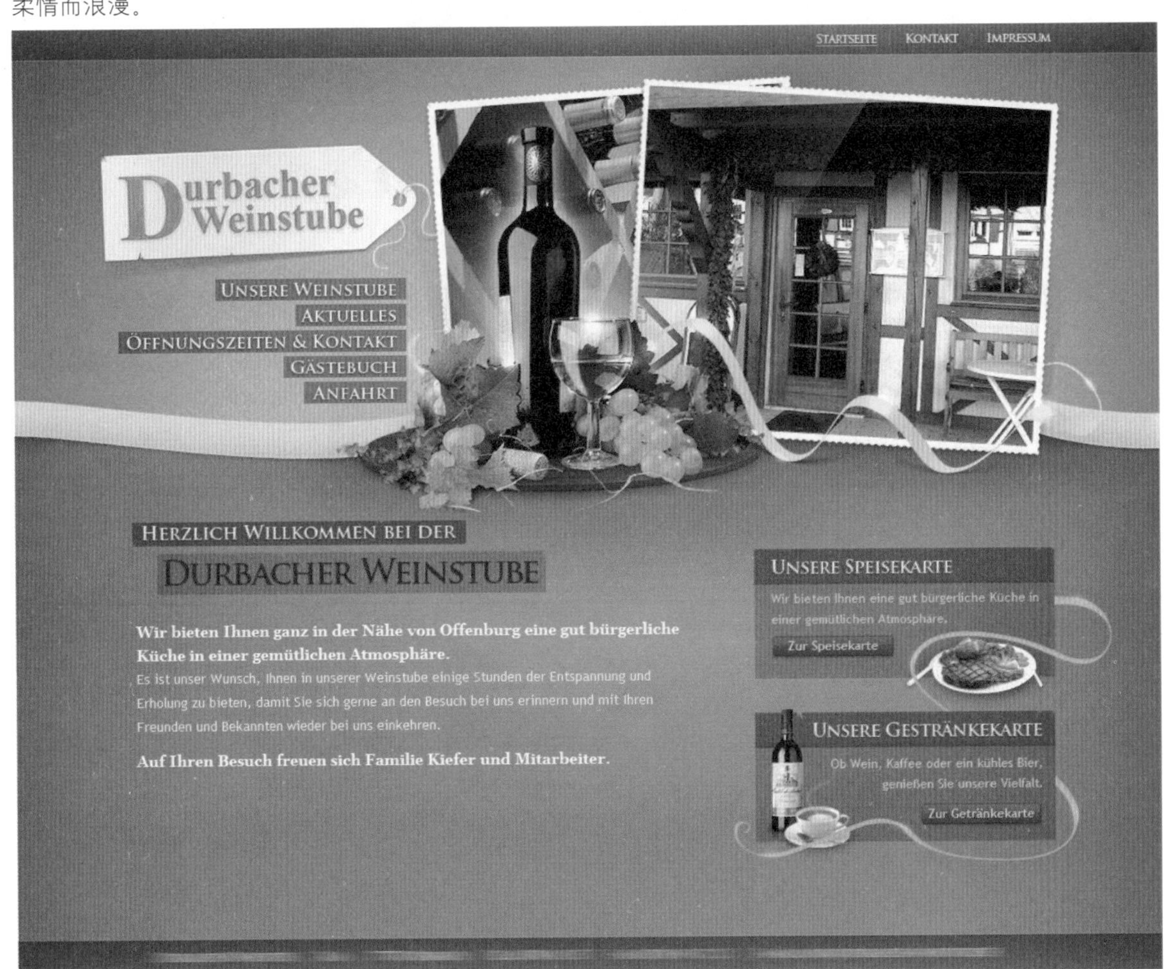

图5-16　葡萄酒与西餐的网页宣传设计

分析：橙色之网页配色

橙色通常能够给人一种朝气与活力的感觉，能够使原本忧郁的心情变得开朗起来。在东方文化中，橙色象征着热情浪漫的爱情与幸福。充满活力的橙色可以给人健康向上的感觉。图5–17所示是对无污染鸡蛋的宣传网页，主色调橙色搭配了补色蓝色与紫色，点出页面的两个重点：一是强调鸡蛋生产与无污染的自然环境，二是展现优质鸡蛋的效果图。图5–18所示是瑜伽会所的网页设计，整体色调偏灰，突出橙色的明亮、温馨，从而着重宣传了会所的舒适、健康、温馨。

图5–17 无污染产品宣传网页设计

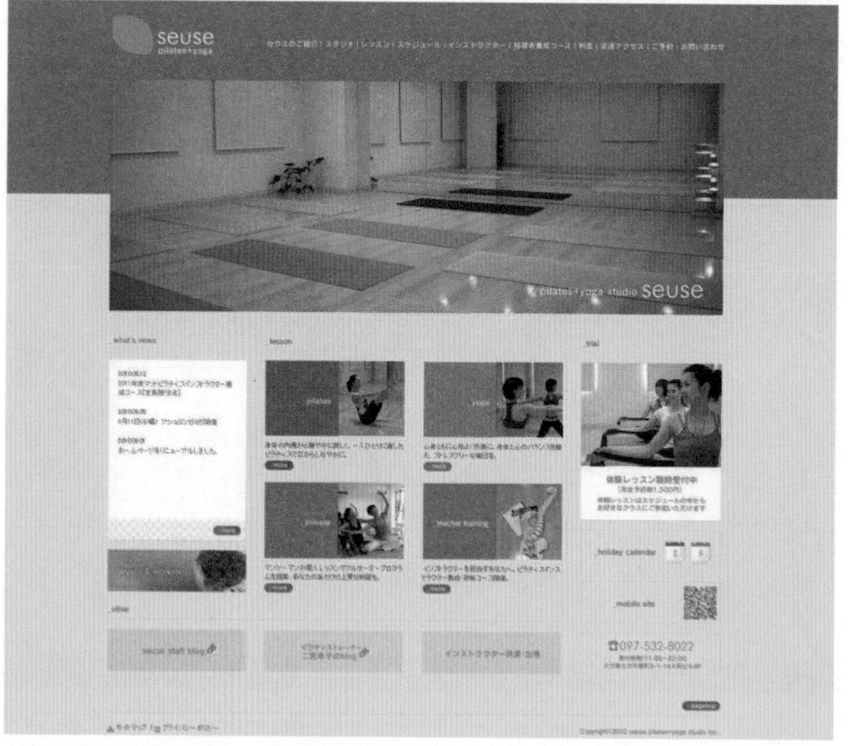

突出色

R:230 G:161 B:58

辅色调

R:114 G:94 B:93

R:130 G:142 B:96

R:100 G:123 B:137

主色调

R:140 G:132 B:97

R:241 G:237 B:226

图5–18 健身会所网页设计

图5—19所示界面中的橙色偏红，与黄色进行渐变过渡，给人一种健康、热情、温暖的感觉。整个界面使用水平分割的布局，让界面看起来整洁有序。

图5—20所示产品导购的宣传网页内容比较多。界面通过颜色的深浅来区分内容。整个黄色系的页面利用红色与白色的标示来引导人们阅读界面中的内容，突出的白色则可以提醒人们，框中可以输入文字进行搜索。

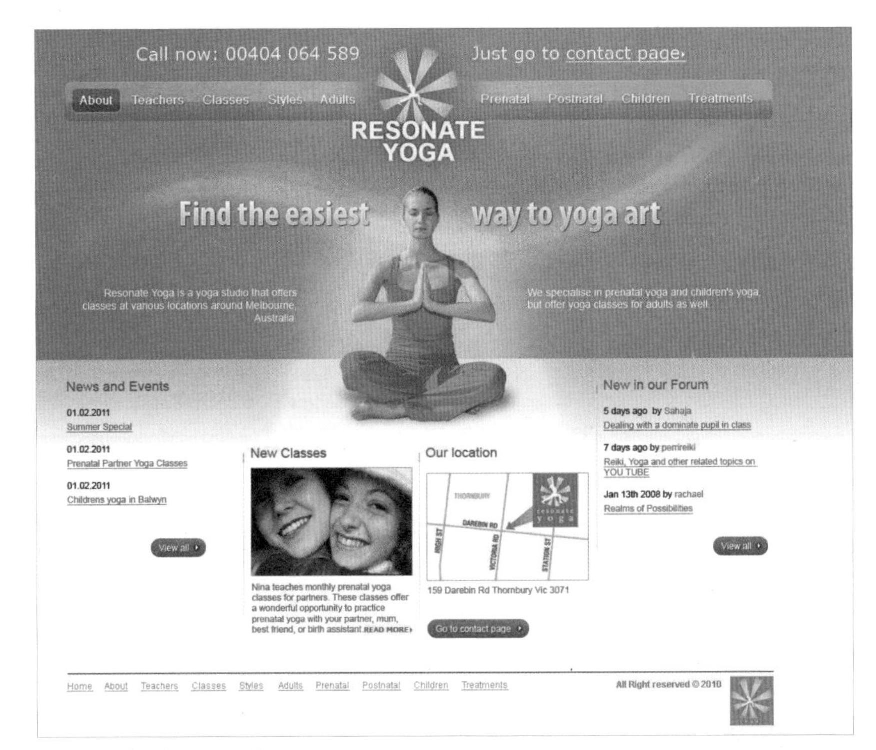

图5-19 瑜伽会所网页设计

突出色

R:255
G:255
B:255

辅色调

R:215 G:219 B:220

R:252 G:229 B:117

主色调

R:255
G:90
B:34

图5-20 产品导购网页设计

突出色

R:255
G:255
B:255

辅色调

R:249 G:203 B:55

R:131 G:3 B:18

主色调

R:244
G:129
B:0

5.2.3 黄色

黄色是最明亮欢快的颜色，当我们看见黄色时，通常会眼前一亮，同时有一种欢快活跃的感觉。

黄色也是可以和很多颜色进行搭配的，搭配之后的效果与意义同样也会产生变化。黄色比较亮，可以刺激人的神经系统与大脑内存，但是过多的黄色，也会让人产生视觉疲劳。

黄色是温暖和温馨的颜色，但同时它也会发出警告让人有警示感。尤其当黄色与黑色放置在一起，会显示界面强烈，失去黄色原有明快与温馨的感觉，所以在使用黄色的时候还是要谨慎。一般黄色界面搭配的字体不会使用黑色，会使用深灰色或者咖啡色来降低对比度（如图5-21所示）。

在我们日常生活中，一些知名的品牌也会用到黄色。世界顶级品牌，如麦当劳、百思买、地铁、兰博基尼、汉堡王（Burger King）等都用到了黄色。

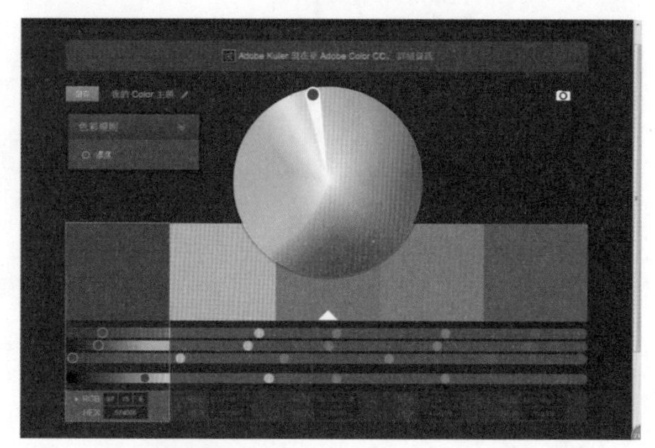

图5-21 黄色信息图

分析：黄色之网页配色

图5-22所示是以森林为主题元素的酒店宣传网页。网页主色调使用了黄色系中的棕色与黄色，棕色为背景色，另外添加了木质的素材强调主题。两种颜色搭配，最为突出的当然是黄色了。将酒店的信息放置在黄色版面上，能够让用户着重阅读。其次黄色版面上的无彩色（白色）为突出色，作用是让用户注册信息时使用。整个网页界面主次明确，主题突出。

图5-22 森林酒店注册网页设计

突出色

R:255
G:255
B:255

辅色调

R:61
G:35
B:10

R:210
G:108
B:30

主色调

R:175
G:32
B:15

R:203
G:123
B:2

图5-23、图5-24所示使用明快的黄色作为主色调，页面鲜亮，洋溢着欢快的气氛。图5-23所示虽然使用了黄色为主色调，但是它所搭配突出的颜色为黑色，黑色与黄色搭配在一起总有些许警示、提醒的感觉。但是界面中黑色使用得并不多，并且其他颜色的点缀也将这份严肃感稍微缓和了一些。

图5-23与图5-24所示明显气氛不同。图5-24所示页面很活跃，富有动感，界面使用了三原色与黑色进行搭配，这种颜色搭配很受儿童喜爱。页面的整体色调与网页的主题宣传也很符合。

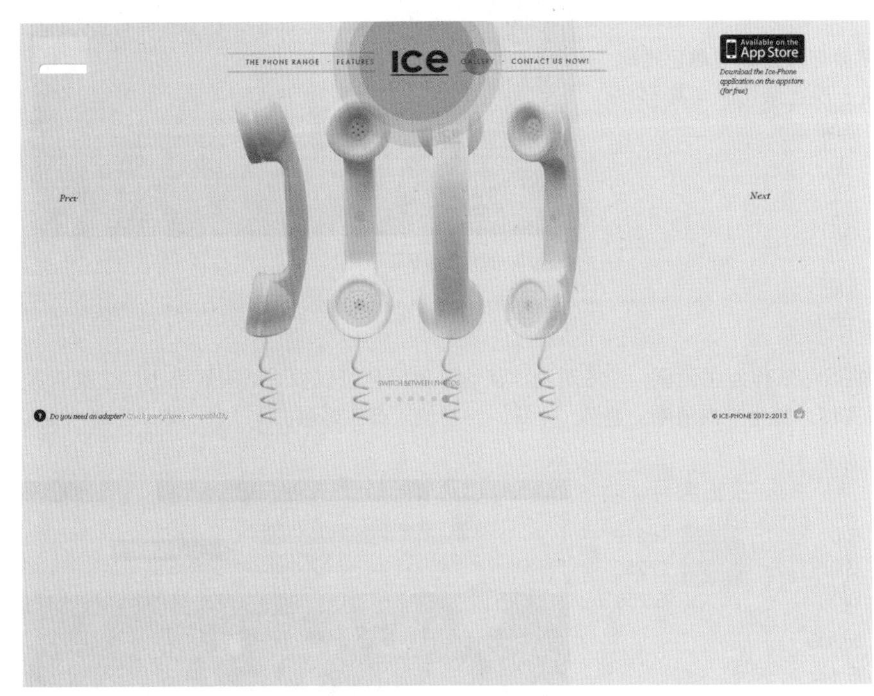

突出色

R:2
G:8
B:8

辅色调

R:188　R:246
G:154　G:144
B:5　B:34

主色调

R:254
G:230
B:10

图5-23　ice phone宣传网页设计

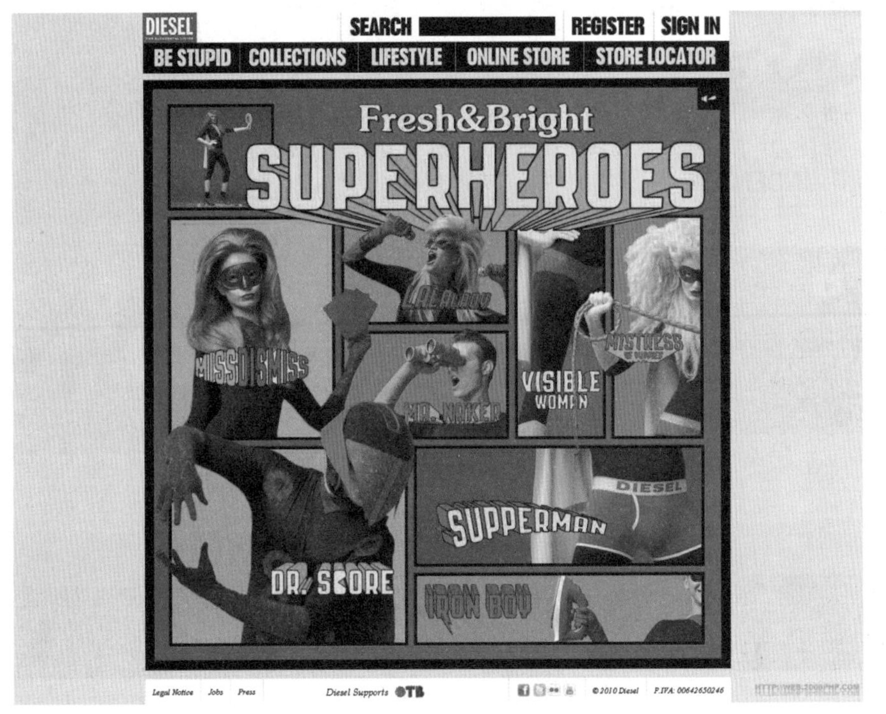

突出色

R:245
G:236
B:45

辅色调

R:23　R:2
G:3　G:49
B:4　B:103

R:113
G:181
B:94

主色调

R:194　R:254
G:0　G:33
B:31　B:46

图5-24　Super Heroes 品牌网页设

5.2.4 黄绿色

黄绿色能够表现出大自然的感觉，有时也能够传达出虚幻、清爽、活力的视觉感受。黄绿色和草绿色都能使人联想到自由、生机、大自然。黄绿色同时含有黄色和绿色两种颜色的共同特点，融合了黄色的明亮和绿色的幽静这两种特征。

黄绿色在网页搭配上通常会与蓝色或者黑色搭配使用，总的来说黄绿色主要用于表达亲切感与高科技的神秘、先进的感觉（如图5-25所示）。

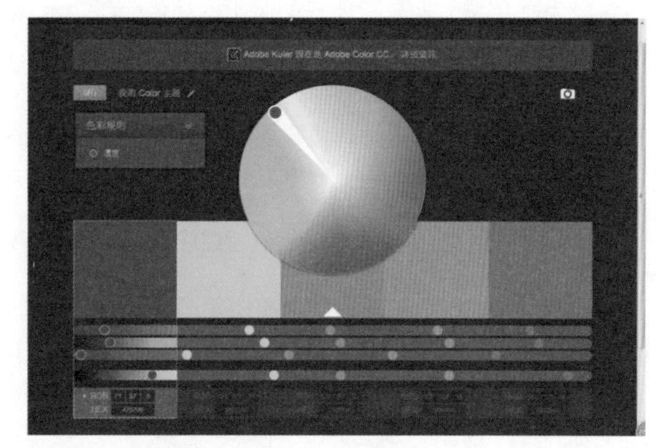

图5-25 黄绿色信息图

分析：黄绿色之网页配色

图5-26所示以无彩色中的黑白来作为主色调，个性时尚、简约，黄绿色可以很好地脱颖而出，这类色彩的搭配很适合科技软件的网页宣传。整个界面清晰、整洁、干练，容易使人产生好感。

主色调	辅色调	突出色
R:0 G:0 B:	R:0 G:0 B:0	R:219 G:255 B:255
R:225 G:225 B:225	R:203 G:123 B:2	

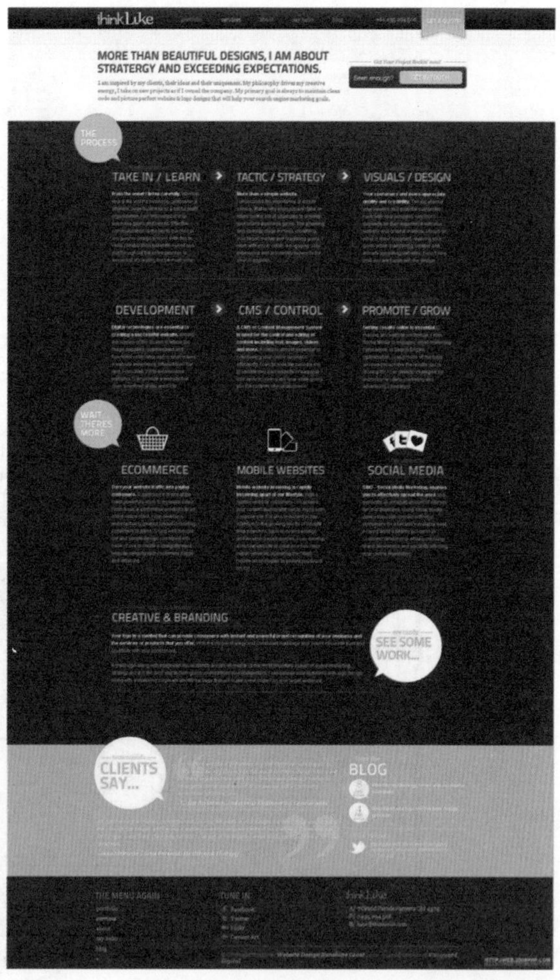

图5-26 电脑的宣传网页设计

图5-27所示以黄绿色与浅灰色为主色调，给人以清爽、自由的感觉。界面中的辅助色没有采用黑色而用的是浅灰色，看起来没有那么抢眼，这样整个界面会显得自然和谐，利于明亮的黄绿色背景来强调了黑白配色的产品。另外界面中几个彩色的点起到了装饰的作用，让界面显得不那么单调，也能提醒用户看到这些补充内容。

图5-28所示采用了浅灰色、深灰和黑色为背景，突出了橘色标识与重要文字及黄绿色产品，风格简约，这样的搭配在网页设计中还是很主流的，可以很好地强调出重点。

突出色

R:255
G:255
B:255

辅色调

R:77	R:126
G:81	G:203
B:82	B:221

R:252	R:253
G:214	G:111
B:103	B:110

主色调

R:222	R:166
G:221	G:214
B:219	B:30

图5-27　Regina 品牌自行车宣传网页设计

突出色

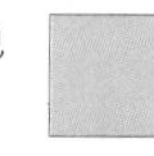

R:219
G:255
B:255

辅色调

R:0	R:203
G:0	G:123
B:0	B:2

主色调

R:175	R:175
G:32	G:32
B:15	B:15

图5-28　Bio Nature 宣传网页设计

图5–29与图5–30所示运用的是黄绿色与白色、灰色做搭配。与前几个网站相比，这两个网页设计给人的感觉清新、明快了许多。图5–29所示以无彩色的白色和灰色为主色调，搭配上黄绿色，页面看起来简洁、清新。而图5–30所示以黄绿色为主色调，利用了墨绿色与补色紫色来作为辅助色，重点突出，有点春季盎然的感觉，很适用于新鲜水果的宣传主题。

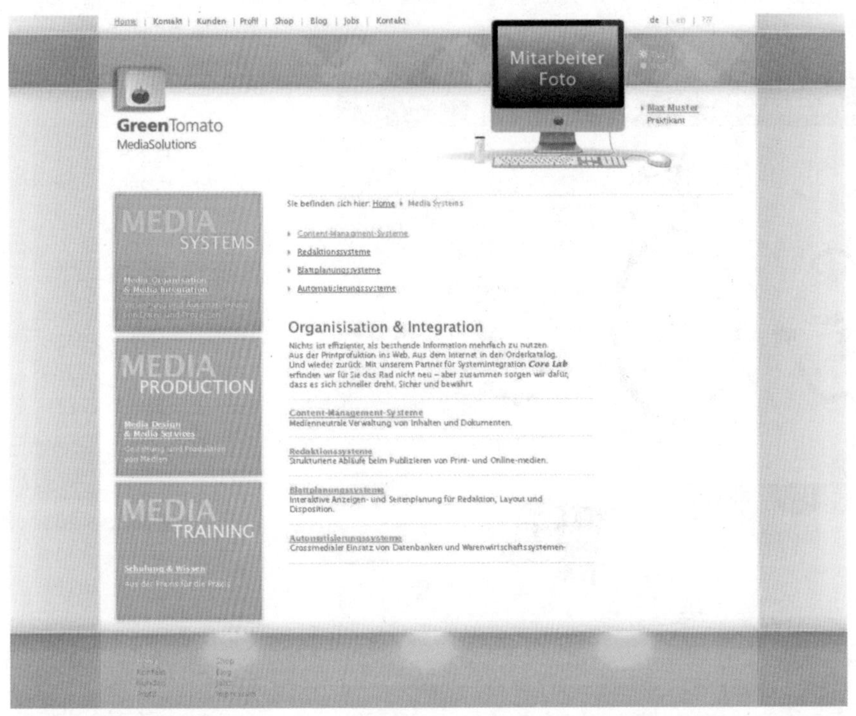

图5-29 电脑软件宣传网页设计

突出色

R:175
G:32
B:15

辅色调

R:0
G:0
B:0

R:203
G:123
B:2

主色调

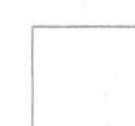

R:219
G:255
B:255

R:175
G:32
B:15

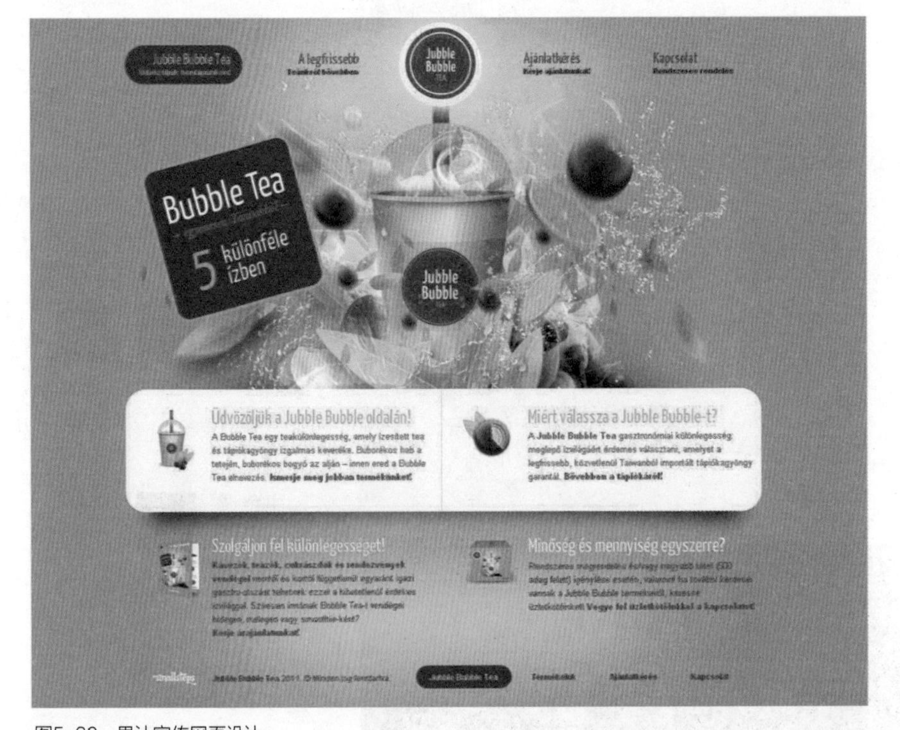

图5-30 果汁宣传网页设计

突出色

R:219
G:255
B:255

辅色调

R:0
G:0
B:0

R:203
G:123
B:2

R:203
G:123
B:2

主色调

R:175
G:32
B:15

5.2.5　绿色

绿色是自然界中常见的颜色，可以说是大自然的颜色。大自然给了我们轻松舒适的环境，绿色可以让我们心情变得平静、舒适。绿色是网页设计中最常用到的色彩之一，因为绿色能够给人健康、环保、舒适等感觉，也常用于健康保健主题的网页等（如图5–31所示）。

图5–32所示主要使用了渐变的绿色系，让画面看起来整洁而富有变化，具有空间感。页面突显出了黄色的logo与导航，这是网页所重点强调的，黄色的明度比绿色要高，很自然地突显了出来。另外页面还用到了黑色、白色、灰色这些无彩色，让整个页面不会因为颜色太过跳跃而变得没有主次。

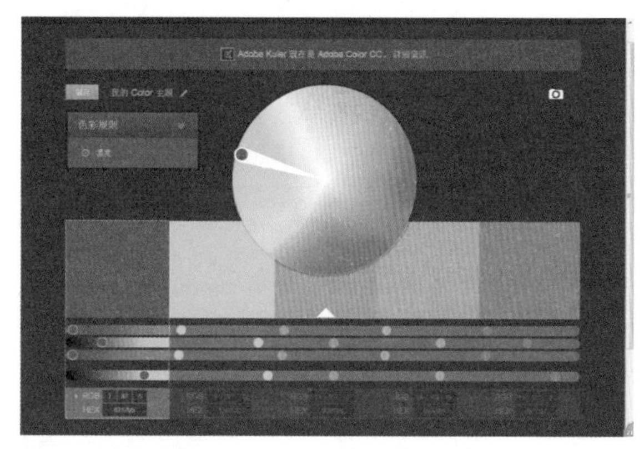

图5-31　绿色信息图

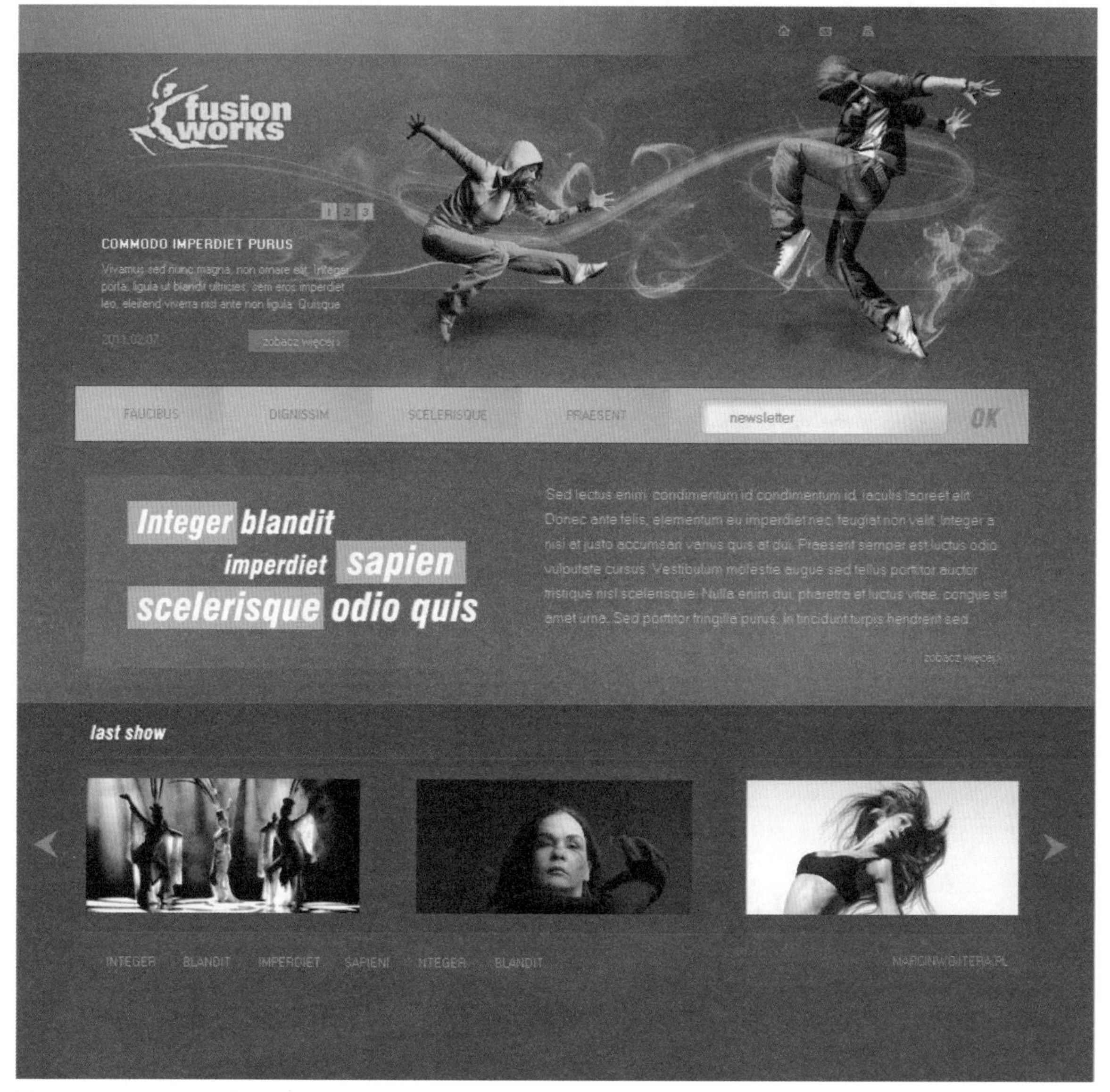

图5-32　Fusion workers 宣传网页

分析：绿色之网页设计

图5−33和图5−34所示都是以绿色为主的网页设计，第一个网页给人可爱温馨的感觉，第二个网页则给人欢快愉悦的感觉。这是因为两种网页的配色不一样，所以产生的视觉感受也就大不相同。

图5−33所示网页的整体效果很卡通、非常可爱，虽然用的也是绿色，但是颜色没有那么鲜亮，有点偏灰，但主次还是很明显的。再搭配上鹅黄与大红作为点缀，让界面温馨活泼了许多。

图5−34中的绿色饱和度与明度相对图5−33会高一些，网页背景采用的是渐变的方式，有了纯色背景的简洁大方，却不死板。网页界面中同样有大红色，还用到了粉红色与白色、浅蓝色，让界面有了许多欢快的节日气氛，突出了圣诞主题的愉悦与喜庆。

突出色

R:238 G:237 B:183　R:240 G:235 B:213

辅色调

R:218 G:233 B:108　R:133 G:201 B:144

主色调

R:175 G:32 B:15

图5-33　Jia field宣传网页设计

突出色

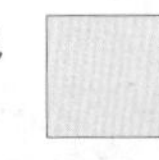

R:231 G:237 B:255

辅色调

R:226 G:6 B:31

主色调

R:43 G:135 B:11

图5-34　圣诞主题宣传网页设计

图5-35所示是啤酒宣传网页。整个页面按照主次不同，分别用了不同明度的绿色来区分页面，可以看出主导色依旧是清新高亮度的绿色，另外页面中还使用了其他较为鲜艳的彩色来作为装饰点缀，让页面更加充满活力与激情。

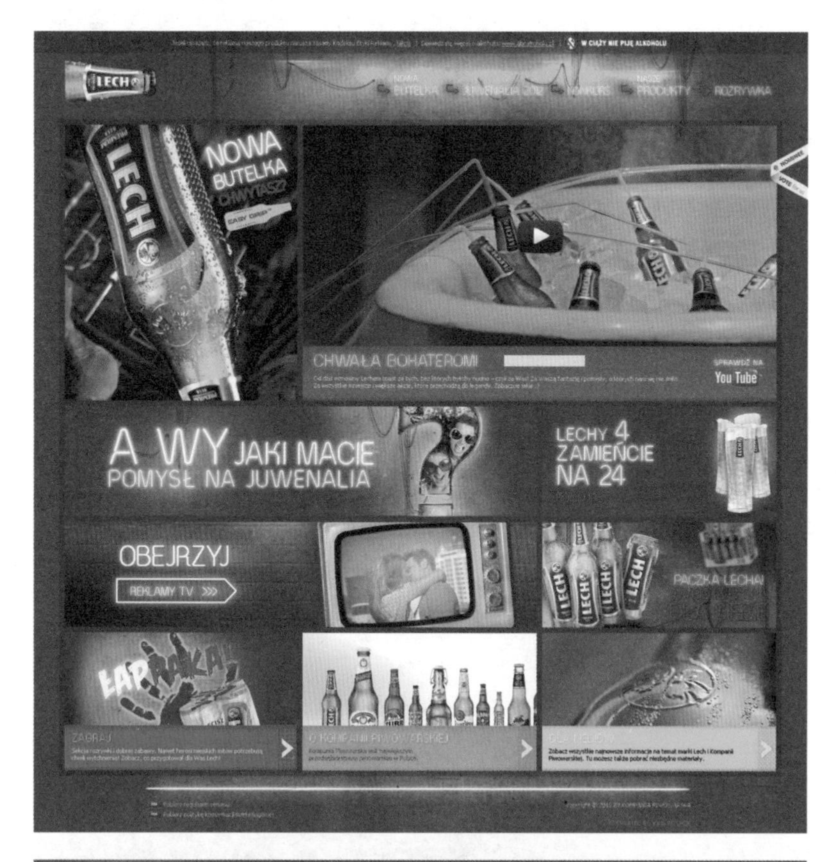

突出色

R:219
G:255
B:255

辅色调

R:0	R:203	R:203
G:0	G:123	G:123
B:0	B:2	B:2

主色调

R:175
G:32
B:15

突出色

R:243	R:255
G:5	G:255
B:10	B:255

辅色调

R:0	R:219
G:0	G:255
B:0	B:255

主色调

R:175
G:32
B:15

图5-35　啤酒宣传网页设计

5.2.6 青绿色

青绿色是绿色与蓝色的融合色彩，在自然界中这种颜色其实并不是很常见，所以不会给人带来一些特有的心里感受，反而会给人较强的人工制作的感觉。色彩心理学家曾分析，这种颜色可以给心情低落、迷失的人带来特殊的信心与活力。

青绿色与黄色、橙色等色系的颜色搭配会给人带来可爱、亲切的感觉；而与蓝色、白色这样的色彩搭配会带来清新、爽朗的视觉感受；也可以与红色、紫色这样的暖色系进行搭配，当然，与不同颜色搭配时视觉感受也一定会有所不同（如图5–36所示）。

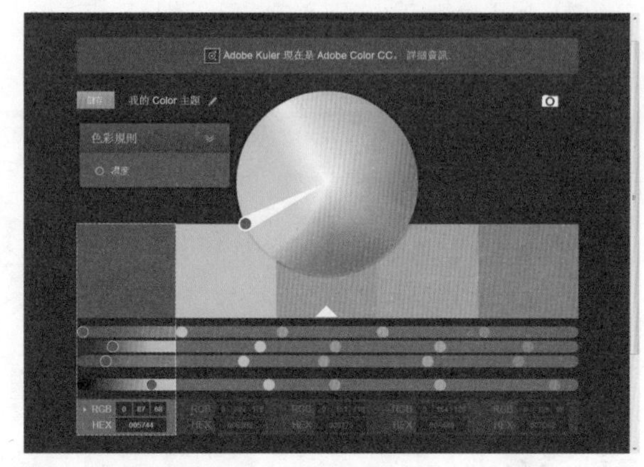

图5-36　青绿色信息图

分析：青绿色之网页配色

图5–37所示网页用青绿色为主来进行搭配设计。画面以儿童教育作为主题，所以网页活泼却不失安静，愉快又不失严肃。画面的搭配冷暖合理，古典雅致。

主色调	辅色调	突出色
R:102 G:147 B:127	R:31 G:58 B:79	R:213 G:230 B:222
R:51 G:81 B:71	R:38 G:130 B:93	R:208 G:225 B:0
	R:165 G:197 B:100	

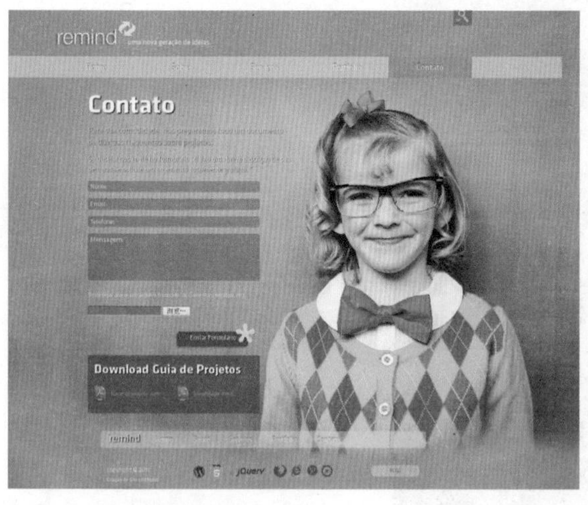

图5-37　儿童教育注册网页设计

图5–38和图5–39所示都使用了青绿色为主色调，但两个页面的风格却是大不相同的。图5–38所示使用了冷色调为搭配色与突出色，表达宇宙的宏伟与大自然的宁静。褐色与青绿色的搭配让整个页面看起来沉静、沉稳了许多，诠释了维护生态环境的主题。

图5–39所示是快餐的一个食品宣传网页。页面使用了暖色调作为青绿色的辅助色，突出色为鲜明的黄色，让页面多了些可爱、欢快的气氛。

图5–38　保护地球主题的网页设计

突出色

R:255
G:255
B:255

辅色调

R:0
G:0
B:0

R:206
G:181
B:140

主色调

R:175
G:32
B:15

R:203
G:123
B:2

图5–39　快餐主题的网页设计

突出色

R:219
G:255
B:255

辅色调

R:0
G:0
B:0

R:203
G:123
B:2

主色调

R:175
G:32
B:15

R:175
G:32
B:15

5.2.7 蓝色

蓝色是冷色调中最冷的色彩。蓝色会让人联想到海洋、天空、水、宇宙等。纯净的蓝色能够展现出一种美丽、冷静、理智、安详与广阔的画面感。

由于蓝色沉稳、沉静的特性和理智、准确的意象，通常在商业设计中用来强调科技、效率的商品或企业形象时，大多选用蓝色当标准色或企业色，如电脑、汽车、影印机、摄影器材等。另外，蓝色也代表忧郁，这是受了西方文化的影响，这个意象也运用在文学作品或感性诉求的商业设计中（如图5–40所示）。

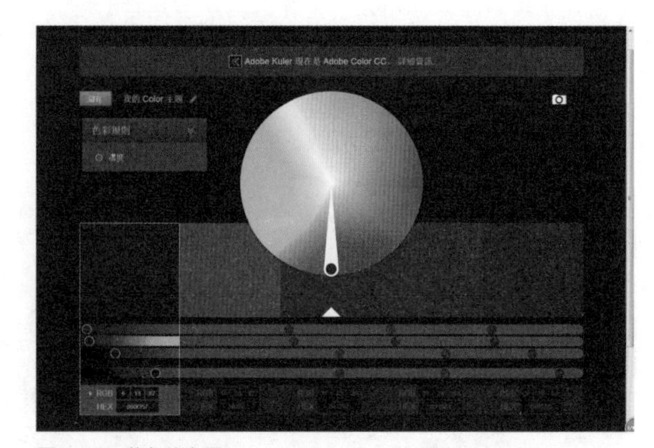

图5-40　蓝色信息图

蓝色还表示秀丽、清新、宁静、豁达、沉稳、清冷，就像我们在职场上应该展现出的风采，所以大多数企业工作装及办公部署都会用到蓝色。图5–41所示是企业的宣传网页设计，整个网页都是用蓝色来设计的，由浅到深的蓝色部署透露出职场上的干练、理智与沉稳。网页通过颜色的变化来突显主次及需要强调的内容。

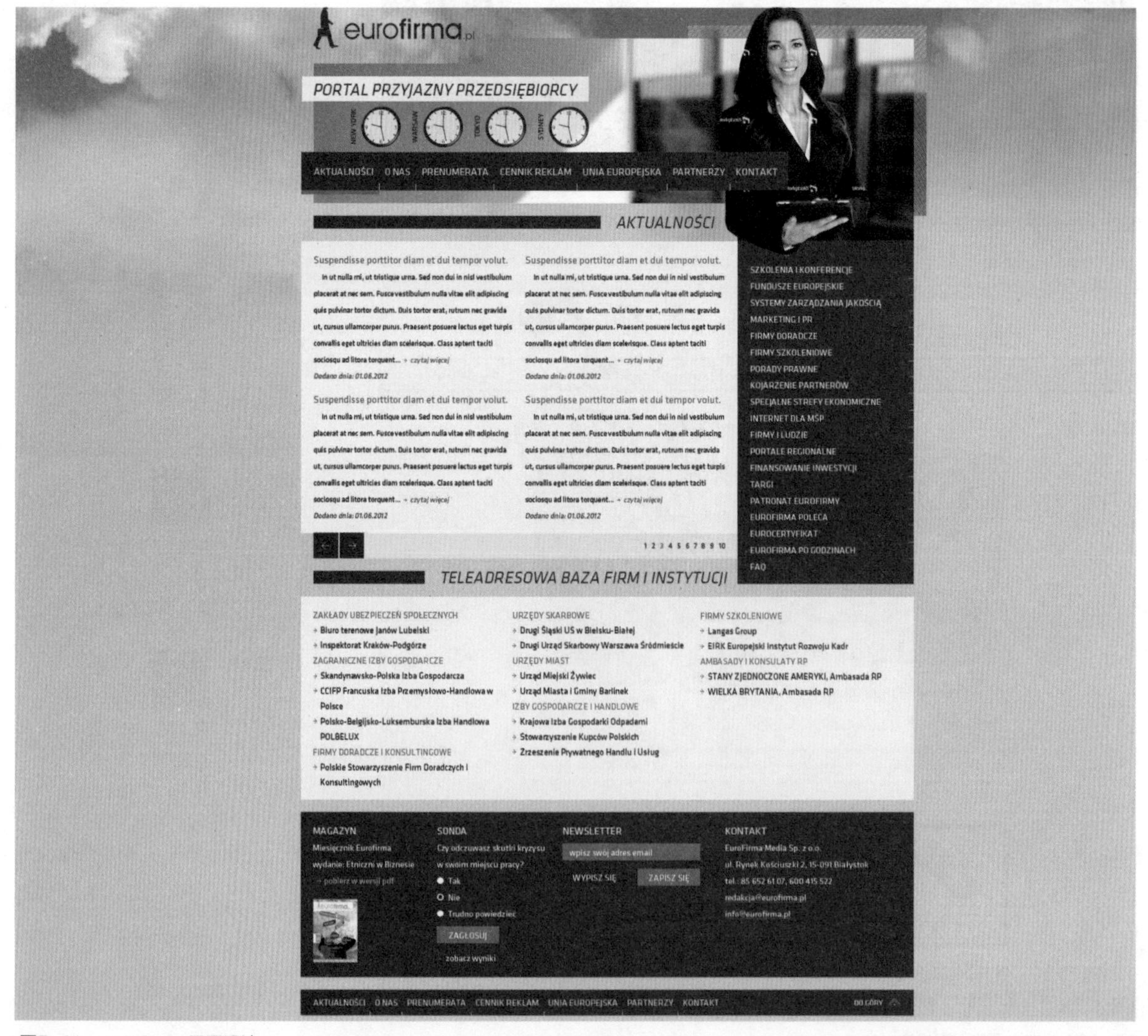

图5-41　eurofirma 网页设计

分析：蓝色之网页配色

图5–42所示用了冷调蓝色为背景色。鲜艳的蓝色给人一种命令、强势的意味，会让人看起来很高调、冷艳，所以页面使用了暖调色彩加以调和，以使其看起来不那么冰冷。其中黄色是蓝色的补色，小面积的补色可以让界面活跃起来。

图5–43所示使用了宝蓝色与浅蓝色来搭配页面。宝蓝色给人高贵华丽的视觉感，浅蓝色则给人淡雅清丽的感觉。大面积的浅蓝色与小面积的宝蓝色，视觉平衡做得恰到好处。宝蓝色的标题文字更是让页面变得整体统一，而黄色的突出色则很明显地强调了重点内容与视觉点。

图5–42　K+R网页设计

突出色

R:219　R:255
G:255　G:255
B:255　B:255

辅色调

R:62　R:203
G:176　G:123
B:88　B:2

R:0
G:0
B:0

主色调

R:175
G:32
B:15

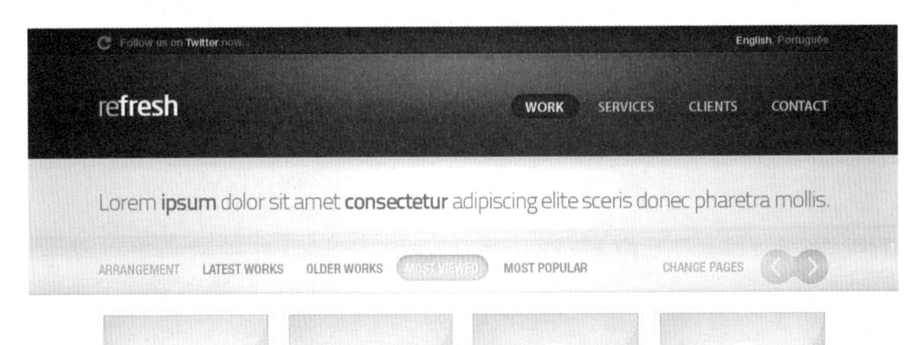

图5–43　refresh网页设计

突出色

R:255
G:224
B:1

辅色调

R:14
G:49
B:87

主色调

R:242　R:200
G:249　G:225
B:255　B:247

图5-44所示用色简洁、明快、爽朗。小游戏的网页设计重点就是让人们娱乐、休闲，而鲜艳的色彩会让人看起来很开心,符合儿童主题页面的设计。

图5-45所示浅蓝色渐变背景单纯而明快。相比深蓝色，更加舒适自然。搭配上稍微中性和暖调的色彩，页面给人传递出了畅快自由的视觉感受。

图5-44　bamboo网页设计

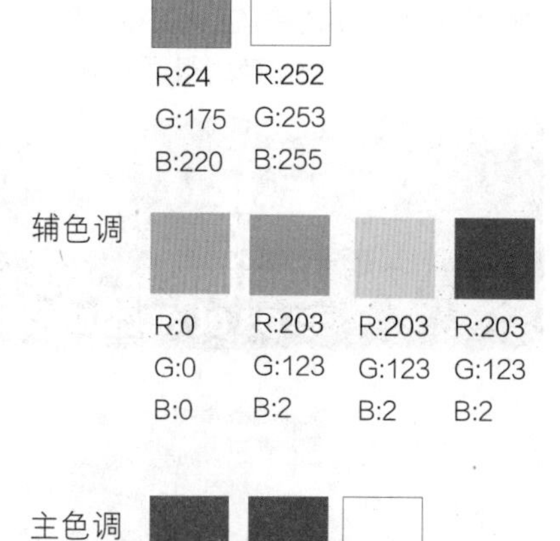

图5-45　网页设计

突出色

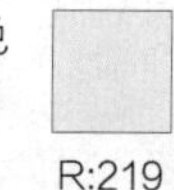

R:219
G:255
B:255

辅色调

R:203	R:0	R:203	R:203
G:123	G:0	G:123	G:123
B:2	B:0	B:2	B:2

主色调

R:175
G:32
B:15

5.2.8　蓝紫色

蓝紫色在色相上是介于蓝色与紫色之间的颜色，所以它蕴含着蓝色的沉静又有紫色的神秘感。蓝紫色页面看起来会十分高雅，有些游戏的网页也习惯用这样的颜色，给人以炫酷、神秘感，让人不由得探寻其中（如图5–46所示）。

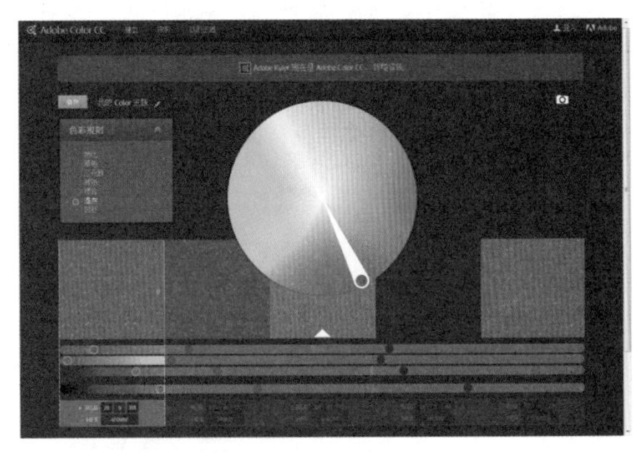

图5–46　蓝紫色信息图

分析：蓝紫色之网页配色

图5–47所示是这个游乐场的宣传网页设计。网页的主色调运用的就是蓝紫色，搭配上蓝色与紫色会让人人想象到神秘河谷中的惊奇。页面中虽然大量使用了蓝色与紫色，却没有给人感觉很深沉、幽静，因为网页界面使用了黄色作为装点。还有个别暖色调的颜色来作为辅助色，使页面变得活跃，富有生机。

图5–47　发现王国网页设计

突出色

R:219
G:255
B:255

辅色调

R:0　R:203
G:0　G:123
B:0　B:2

R:0　R:203
G:0　G:123
B:0　B:2

R:0
G:0
B:0

主色调

R:175　R:175
G:32　G:32
B:15　B:15

图5-48所示主色调用了深蓝色与蓝紫色。渐变的蓝色描绘的是无际的深海与广阔的天空，天空与海水的蓝色在明度与纯度上有所差别，很好地把网页的空间感表现了出来。蓝紫色降低了纯度，看起来并不显得妖娆、神秘，却多了几分知性与文静。

图5-49所示舞蹈塑身会所的网页设计用了蓝紫色、紫红色等同一个色相的颜色，搭配上黑色与白色，整个界面炫酷、妩媚，刚柔并存。网页界面大色调的明度不高，所以白色的字体很容易就凸显出来，使用户在阅读正文内容的时候清晰明了。

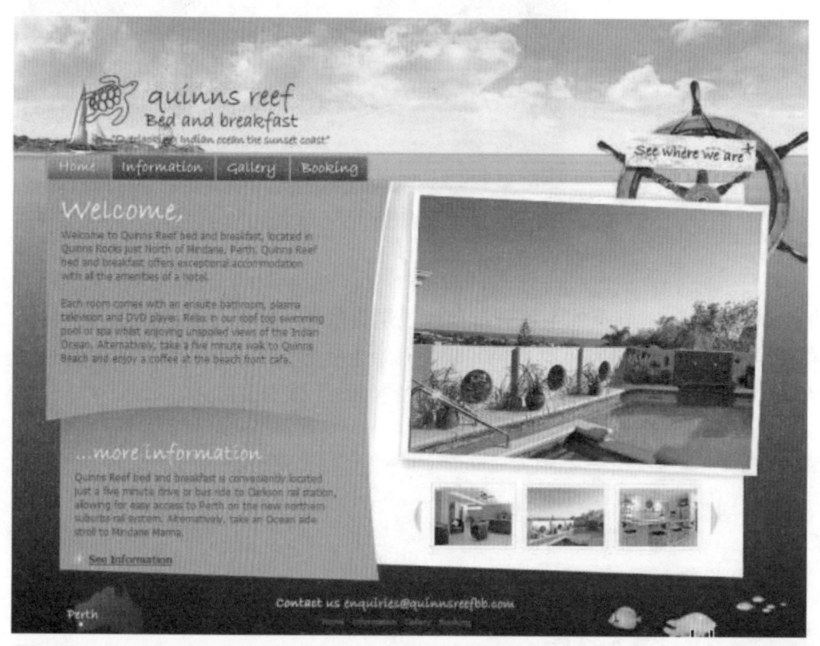

图5-48

突出色

R:245
G:244
B:250

辅色调

R:48
G:169
B:222

R:211
G:238
B:249

主色调

R:6
G:32
B:65

R:160
G:161
B:254

图5-49 舞蹈塑身会所网页设计

突出色

R:255
G:255
B:255

辅色调

R:28
G:85
B:214

R:213
G:0
B:138

主色调

R:4
G:8
B:79

R:75
G:41
B:125

5.2.9 紫色

紫色是由温暖的红色和冷静的蓝色调和而成，是极佳的刺激色。在中国传统里，紫色是尊贵的颜色，“紫气东来”这一成语就彰显了紫色的威严与高贵（如图5–50所示）。

如图5–51所示是牛奶巧克力的宣传，紫色的背景对巧克力的浪漫浓情做了很好的诠释。浪漫的基调、柔情的曲线、还有香甜的牛奶味，都准确地表达出了牛奶巧克力的特征。

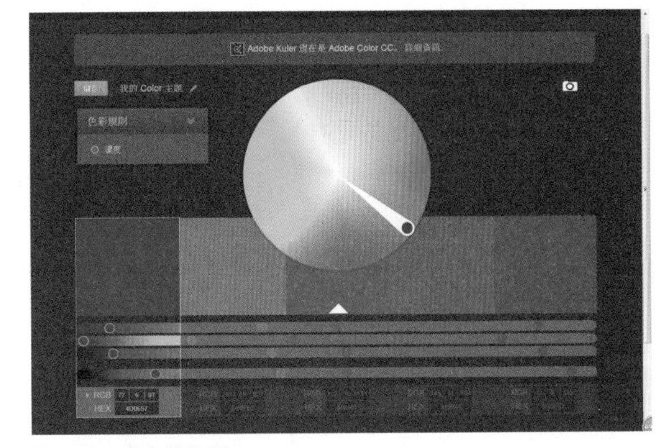

图5–50 紫色信息图

图5–51 milka网页设计

分析：紫色之网页配色

图5—52、图5—53所示都是以紫色为主色调的网页设计，但明度、纯度不同。图5-52所示应该是关于美容整形的网页界面，展现出的是神秘、柔美、华丽的感觉。主色调为紫色，搭配上几种不同辅助色的图形与文字，主题突出，整个界面富有个性、华丽，容易受到女性朋友的喜爱和信任。

图5-53所示是海南岛娱乐城的网页界面，展现出的是神秘与奢华。主色调也是不同明度和纯度的紫色，高明度的紫色区域展示了界面的主题标示、纸牌等。整个页面看起没有那么生硬，过渡游戏柔和自然，能够给人带来舒适的视觉感受。

图5-52 整形美容的网页设计

突出色

R:238
G:238
B:238

辅色调

R:6
G:162
B:219

R:86
G:197
B:41

R:260
G:151
B:61

R:255
G:62
B:141

主色调

R:48
G:1
B:15

R:121
G:62
B:144

图5-53 海南岛娱乐城网页设计

突出色

R:255
G:255
B:255

辅色调

R:205
G:96
B:5

R:86
G:136
B:29

主色调

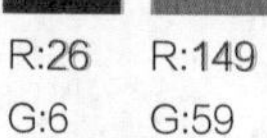

R:26
G:6
B:31

R:149
G:59
B:146

5.2.10　紫红色

紫红色是纯紫色加玫瑰红得到的颜色。紫红色是非常女性化的颜色，能够给人浪漫、柔和、华丽、高贵、优雅的感觉。随着白色的添加，紫红色给人的视觉感受也会随之而变化。

纯度减弱，明度提高的紫红色，能够表现出可爱、乖巧的感觉。粉红是女性化的代表性颜色，所以大多数女性宣传的页面会大面积使用这种颜色（如图5–54所示）。

图5–55所示展现出了女性的柔美、清新。页面使用的色彩以紫红色为主，只是运用了不同的明度，丰富了界面效果，让界面看起来娇弱、甜美，界面整体风格统一，配合辅助色白色的运用，突出了标示和主题。

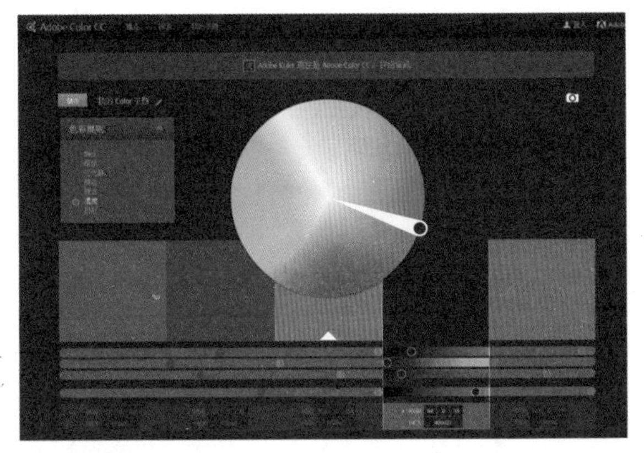

图5–54　紫红色信息图

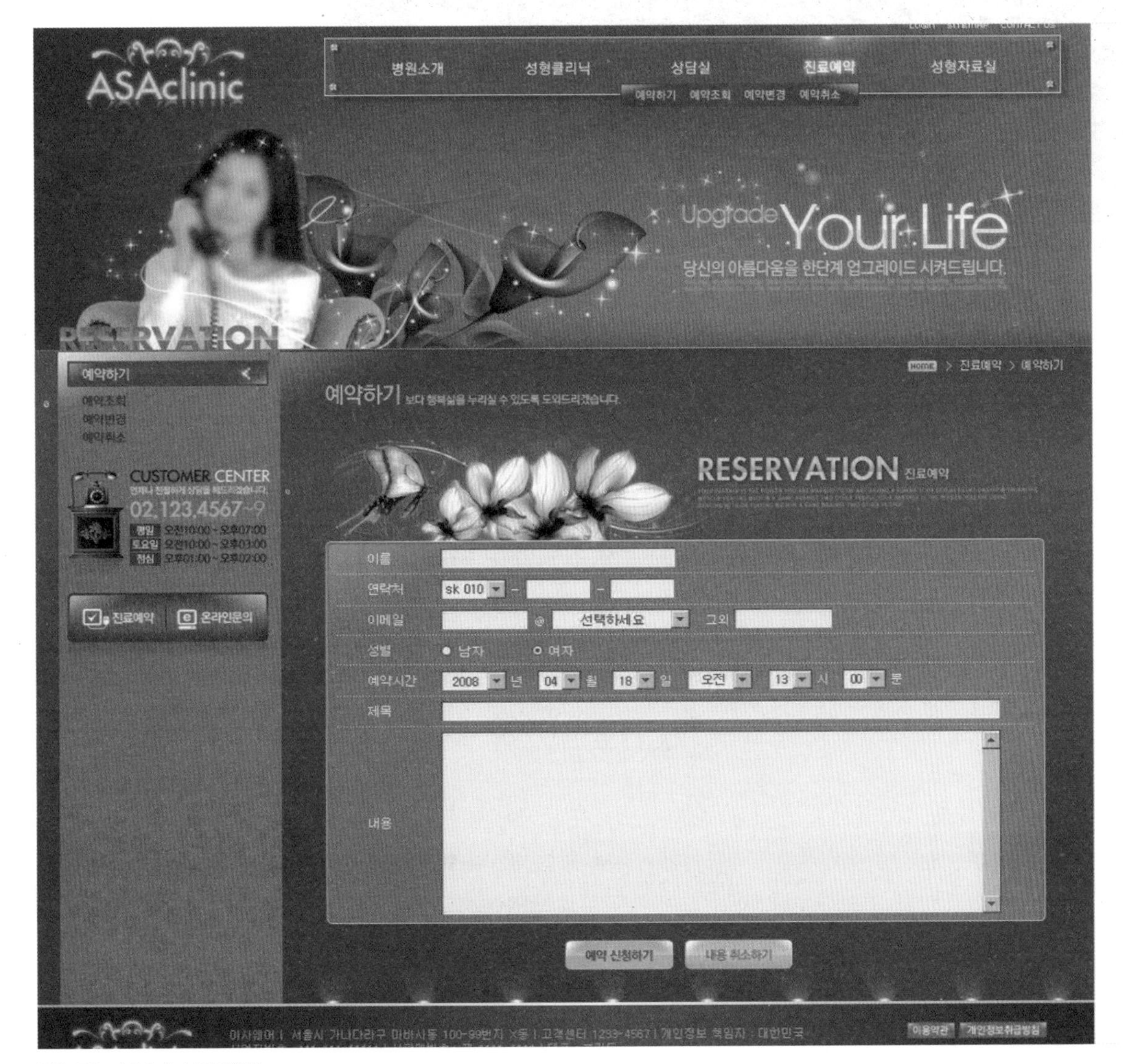

图5–55　ASAclinic网页设计

分析：紫红色之网页配色

图5-56所示网页选用了粉色与黑白无彩色来做搭配。页面简单、可爱、有个性。为了避免红黑水平分割界面的死板生硬，设计了从中心渐变的白云作为过渡，让画面富有生气。

图5-57所示是美发主题的网站，紫红色的主调突出女性的柔美，不同的明度、渐变展现了主题，突出色白色的运用使主题更加明了，整个画面色彩柔和而富有变化。

突出色

R:219
G:255
B:255

主色调

R:0
G:0
B:0

R:238
G:106
B:155

图5-56　有机鸡蛋的网页宣传

突出色

R:242　R:254
G:228　G:254
B:228　B:254

辅色调

R:216　R:103
G:154　G:114
B:117　B:118

主色调

R:201
G:84
B:137

图5-57　BEAUTY美发网页设计

图5-58所示为音乐网站，画面活力动感，主色调为紫红色和桔色，中间有白色相隔，缓解了两色对比所产生的不协调，辅助色黑色的运用，减少了整个画面的躁动，起到了稳定画面的作用。图5-59 所示淡淡的粉红加上浅灰，再配以白色，能让人产生可爱的视觉感受。

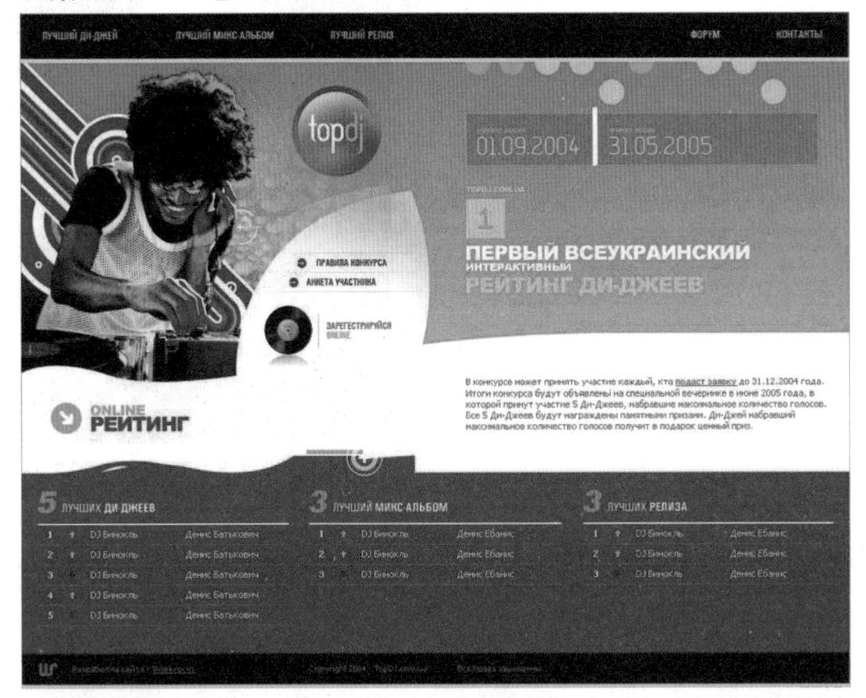

图5-58 topdj音乐网页设计

突出色

R:219
G:255
B:255

辅色调

R:0
G:0
B:0

主色调

R:175	R:203
G:32	G:123
B:15	B:2

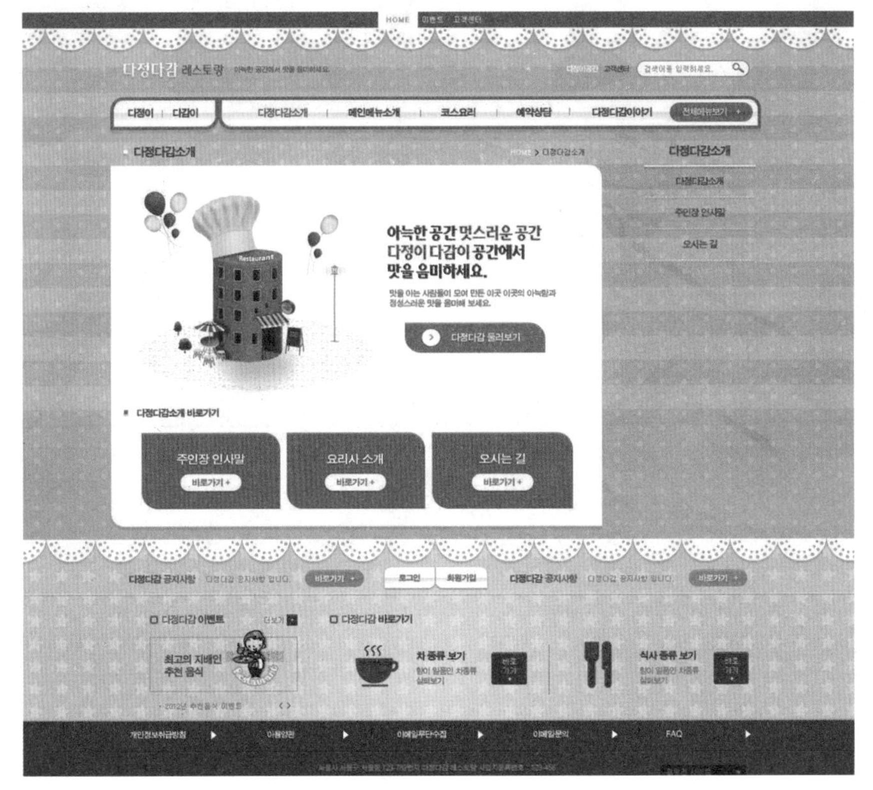

图5-59 餐饮主题的网页设计

突出色

R:219
G:255
B:255

辅色调

R:182	R:68
G:90	G:68
B:115	B:68

主色调

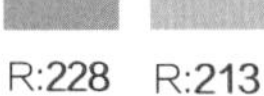

R:228	R:213
G:176	G:213
B:180	B:213

5.2.11 无彩色

无色彩包括了黑、白、灰，而黑白表现出的是两个极端的亮度，灰色是中间过渡的颜色。黑白搭配会给人一种都市化、个性化的感觉，可以很简单地突出某一色彩，对于页面中所需要强调的内容来说，这样的表现手法很有效（如图5–60 和图5–61所示 ）。

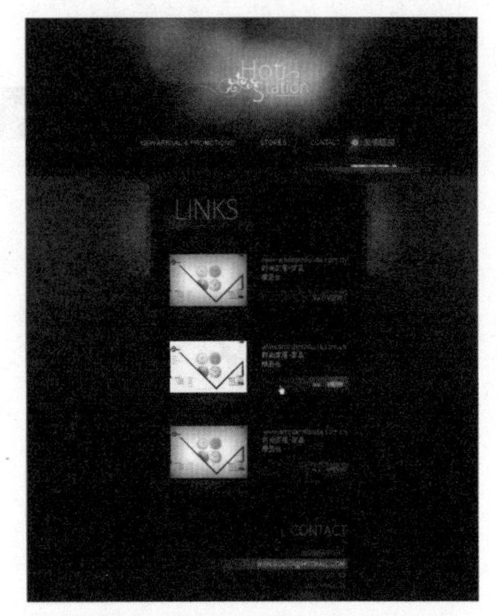

图5-60　Hot Station网页设计

图5-61　PAZIRIK STUDIO网页设计

分析：无彩色之网页配色

图5–62和图5–63所示都是以灰色、黑色、白色这样的色彩为主色调，画面新颖，富有个性。图5–62所示通过颜色的渐变将内容划分为块，利用少量的色彩来突出重点。图5–63所示用黑色背景搭配上辅助的红色，使整个画面看起来狂野张扬。

图5–62　smf网页设计

突出色

R:255
G:255
B:255

辅色调

R:238
G:100
B:160

R:173
G:188
B:0

主色调

R:89
G:85
B:73

R:9
G:9
B:7

图5–63　TAKE THE WALK 网页设计

突出色

R:219
G:255
B:255

辅色调

R:137
G:21
B:21

主色调

R:35
G:35
B:35

分析：无彩色之网页配色

图5-64所示是以蓝色为背景，白色、灰色为辅助色的网页设计，画面看起来清新简单却富有个性，简单的文字起到了很好的装饰作用。

图5-65所示大面积的白色背景，配上金黄色与黑色，整个画面简洁、协调、现代、个性，主体物桌子非常醒目，白色的品牌标示在黑色的背景上也很突显。

突出色 R:255 G:255 B:255

辅色调 R:147 G:197 B:188；R:24 G:24 B:24

主色调 R:110 G:110 B:110

图5-64 Blind Pig Design 网页设计

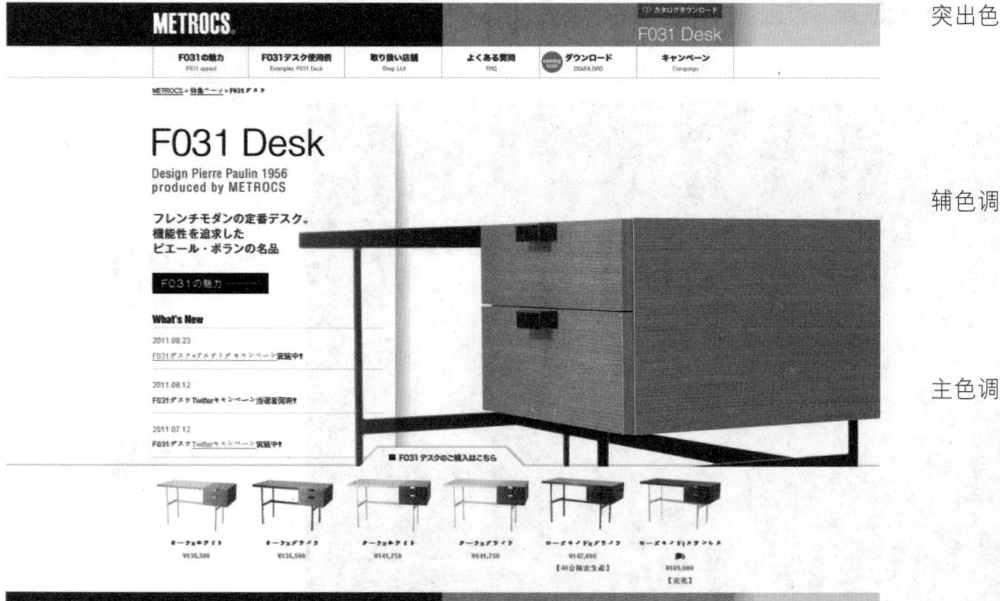

突出色 R:205 G:132 B:17

辅色调 R:0 G:0 B:0

主色调 R:255 G:255 B:255

图5-65 METROCS 网页设计

5.3　网站配色与风格

我们在网站设计和配色时往往会用到很多颜色，只有多种色彩协调搭配才会有好的效果。研究测试显示，人们对颜色进行评价时，最习惯使用的4个形容词是"柔和（Soft）""生硬（Hard）""动态（Dynamic）""静态（Static）"。将这两类印象的取值分别作为二维坐标系上的横纵坐标值就可以得到配色印象空间。调查结果发现，在"配色印象空间"中：给人静态柔和感觉的，通常都是柔和颜色之间的搭配；给人动态柔和感觉的，通常都是鲜亮颜色间的搭配；给人动态生硬感觉的，通常都是鲜亮和浑浊暗淡颜色之间的搭配；给人静态生硬感觉的，通常都是灰冷颜色之间的搭配。在"配色印象空间"中，相距较远的颜色之间的印象会有较大的差异，而距离较近的颜色之间的印象会比较相近，也就是说颜色间的距离与印象的差异程度成正比关系。 由此我们可以得到以下网页配色印象。

5.3.1　柔和的、明亮的、温和的

这类颜色的明度高，饱和度低，色彩搭配在一起会有柔和、明亮、温和的感觉。这类颜色会多使用温暖的橙色和黄色稍作过渡，避免界面沉闷或太过明亮而没有主次。

图5-66所示是女性商品促销的网页设计，网页中使用了粉色与黄色的搭配，运用渐变与晕染的手法来制作网页。这样，界面整体效果温柔、明亮，传递出可爱的感觉，界面用纯度较高的紫红色来压轴，增强了界面的空间感（如图5-67所示）。

图5-66　女性促销网页设计

R:255 G:255 B:204	R:204 G:255 B:255	R:255 G:204 B:204	R:255 G:204 B:204	R:255 G:255 B:153	R:204 G:204 B:255	R:255 G:153 B:102	R:255 G:102 B:102	R:255 G:204 B:204
R:255 G:204 B:153	R:204 G:255 B:153	R:204 G:204 B:204	R:255 G:204 B:204	R:204 G:204 B:254	R:204 G:255 B:204	R:204 G:255 B:255	R:204 G:204 B:204	R:204 G:255 B:153
R:255 G:204 B:204	R:255 G:255 B:255	R:153 G:204 B:153	R:153 G:204 B:204	R:255 G:204 B:153	R:255 G:204 B:204	R:204 G:204 B:255	R:255 G:255 B:204	R:204 G:255 B:255
R:255 G:204 B:153	R:255 G:255 B:204	R:255 G:204 B:204						

图5-67　柔和、明亮、温和的风格配色表

分析：配色实例

图5–68和图5–69所示网页界面色彩柔和，能够给人亲近熟悉的感觉。图5–68中使用了灰色与蓝色为主色调，水平线分割界面，叠加白色文本，背景简单大方，使得低纯度、明度高的朱红色凸显而出，强调了网页的主题。而图5–69所示同样在柔和的主色调中使用了较为明亮的颜色，避免让网页显得太单调，突出色橙色能够给人带来食欲，符合主题用色。

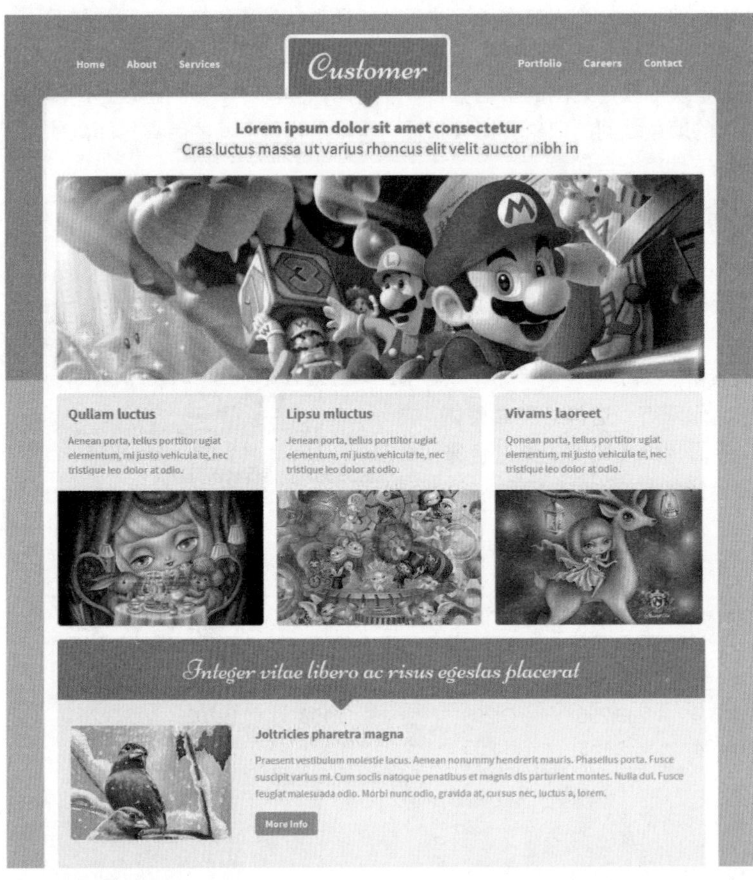

图5–68 游戏网页界面

突出色

R:220
G:114
B:90

辅色调

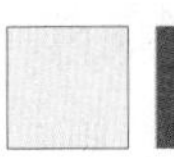

R:244 R:99
G:246 G:95
B:245 B:92

主色调

R:207 R:109
G:207 G:166
B:207 B:183

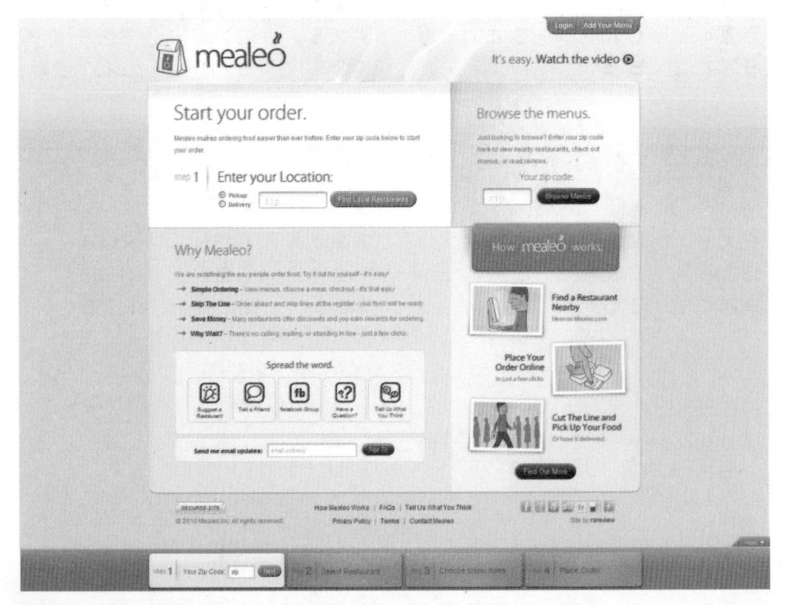

图5–69 餐饮外卖网页设计

突出色

R:254
G:124
B:75

辅色调

R:99 R:255
G:95 G:255
B:92 B:255

主色调

R:201 R:232
G:229 G:241
B:217 B:224

5.3.2　柔和的、洁净的、爽朗的

柔和、洁净、爽朗的颜色可以让人感觉到很放松，不会有太大的压力。这类颜色搭配主要是以蓝色为主，搭配上绿色这样的冷色调与低纯度高明度的中性色彩。这些颜色与洁净的白色搭配能够给人柔和、爽朗的视觉感受，适当地加入其他色彩，会让界面的风格随之改变。图5-70所示在爽朗的背景中加入了火红色，主体突出，使页面增添了女性味道（如图5-71所示）。

图5-70　化妆品宣传网页设计

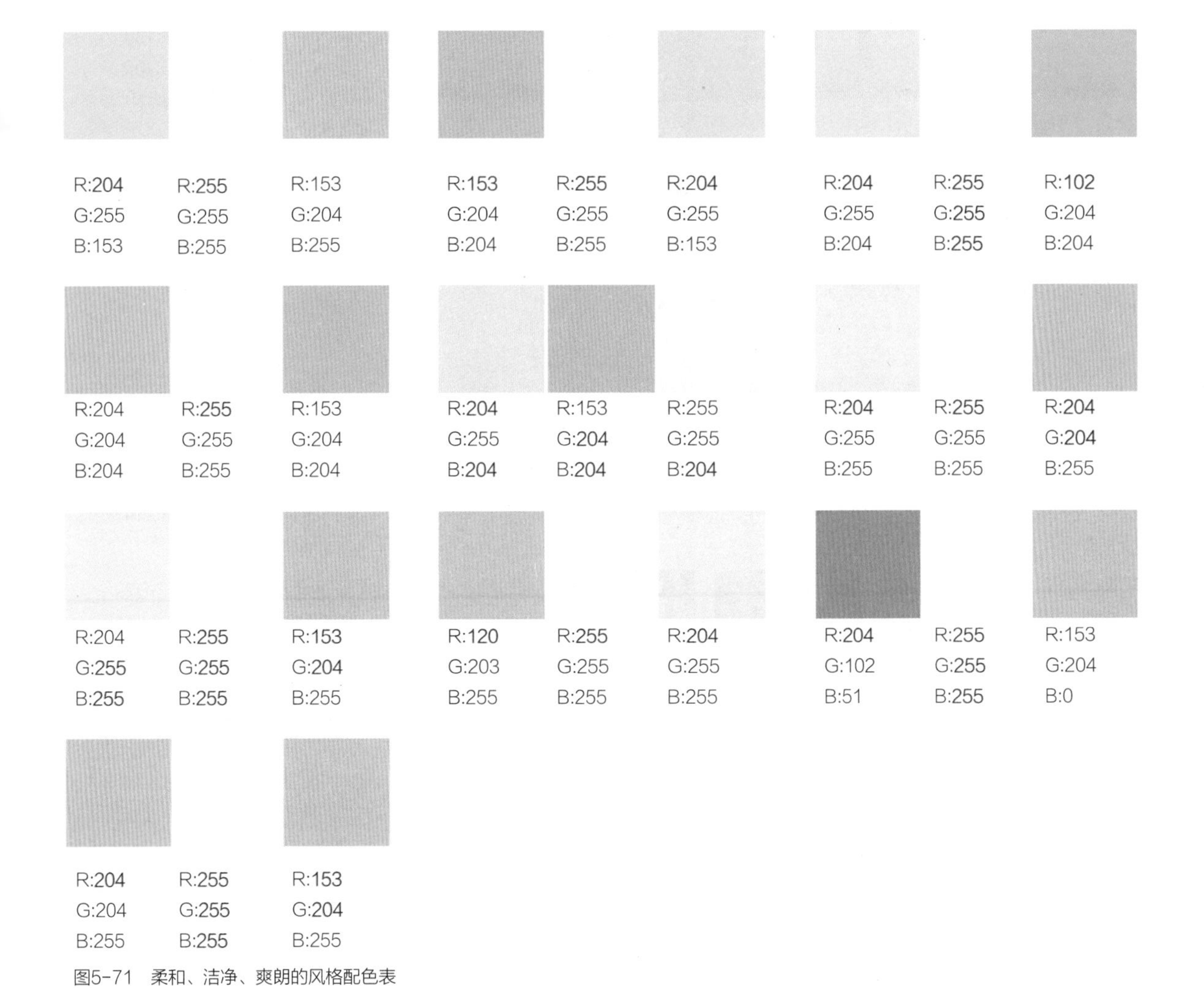

图5-71　柔和、洁净、爽朗的风格配色表

分析：配色实例

图5–72所示给人一种悠闲放松的视觉感受，体现了幽静中的柔和与洁净，似有种春风拂面的感受。界面的整体色调为冷色调，加上了白色过渡调和，又给人带来一种清凉舒服的感觉。

图5–73所示将灰调与不同明度的蓝色放在一起，给人感觉很舒心，就像夏日里的提拉米苏和清凉的薄荷味冰淇淋，入口冰凉清新、香甜诱人。

图5–72 产品宣传网页设计

突出色

R:65
G:91
B:54

辅色调

R:216 R:255
G:245 G:255
B:253 B:255

主色调

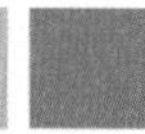

R:214 R:139
G:214 G:160
B:214 B:179

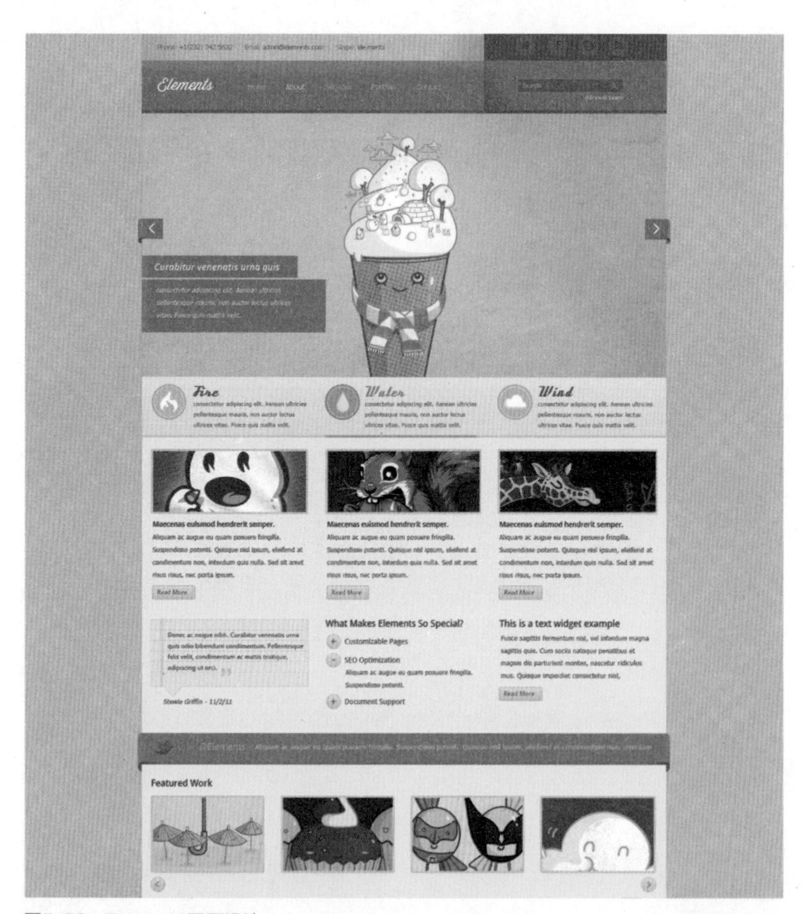

图5–73 Elements网页设计

突出色

R:199
G:83
B:44

辅色调

R:90 R:176
G:151 G:218
B:152 B:214

主色调

R:218 R:239
G:216 G:245
B:201 B:245

5.3.3　可爱的、快乐的、有趣的

可爱、快乐、有趣的颜色可以让人感觉到很放松，不会有太大的压力。这类颜色的明度和饱和度都比较高，如果再适当地加入其他色彩，会让界面的风格也随之改变（如图5-74～图5-76所示）。

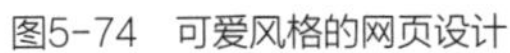

图5-74　可爱风格的网页设计

图5-75　coppen网页设计

R:102 G:204 B:204	R:204 G:255 B:102	R:255 G:153 B:204	R:255 G:153 B:153	R:255 G:255 B:255	R:255 G:204 B:153	R:225 G:102 B:102	R:225 G:225 B:102	R:153 G:204 B:102
R:102 G:102 B:153	R:255 G:255 B:255	R:255 G:153 B:153	R:153 G:204 B:51	R:225 G:153 B:0	R:225 G:204 B:0	R:255 G:0 B:51	R:255 G:255 B:255	R:255 G:153 B:102
R:255 G:153 B:0	R:204 G:225 B:0	R:255 G:51 B:153	R:153 G:204 B:51	R:255 G:255 B:255	R:255 G:102 B:0	R:153 G:51 B:102	R:204 G:204 B:51	R:102 G:102 B:51

R:102 G:204 B:204	R:255 G:255 B:255	R:102 G:102 B:153

图5-76　可爱、快乐、有趣的风格配色表

分析：配色实例

图5-77所示选择了玫红色与绿色来作为搭配，在这样高对比、高亮的鲜艳色彩的包围下，人们自然感觉到一种活泼快乐的气氛。再使用无彩色来进行调和、渐变，弱化了界面的对比强度。

图5-78所示画面中，以大面积的白色作背景，小面积地使用高亮度的色彩，画面看起来很活泼可爱。设计者再巧妙地利用了黑色与黄绿色来强调文字，使得界面又多了几分时尚。

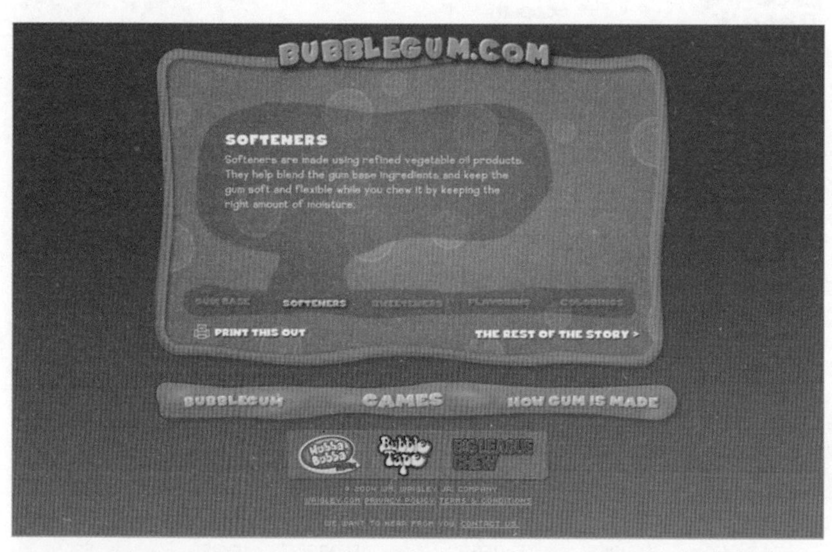

图5-77 Bubble Gum网页设计

突出色

R:255
G:255
B:255

辅色调

R:255 R:35
G:254 G:38
B:11 B:118

主色调

R:168 R:122
G:7 G:150
B:83 B:13

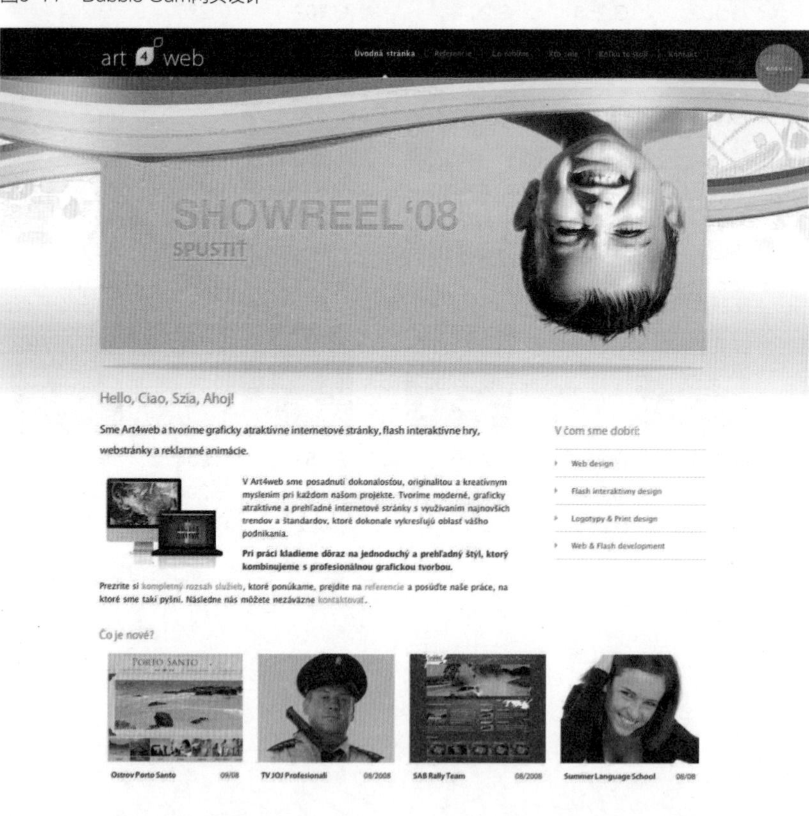

图5-78 art 4 web网页设计

突出色

R:17
G:17
B:17

辅色调

R:229 R:145
G:122 G:228
B:8 B:236

R:255 R:222
G:254 G:20
B:11 B:120

主色调

R:182 R:255
G:208 G:255
B:49 B:255

5.3.4　活泼的、快乐的、有趣的

图5－79～图5－81所示以高对比度的鲜亮颜色为搭配，在这种色彩的包围下，会凝造出有趣、快乐的气氛，让人充满激情，适用于活泼快乐与有趣为主题的网页界面设计。

图5－79　购物网宣传设计

图5－80　手绘风格网页界面

R:204 G:155 B:153	R:255 G:255 B:153	R:102 G:102 B:153

R:255 G:153 B:0	R:255 G:255 B:0	R:0 G:153 B:204

R:204 G:204 B:153	R:204 G:51 B:153	R:153 G:204 B:0

R:255 G:102 B:102	R:255 G:255 B:0	R:51 G:153 B:204

R:204 G:102 B:0	R:153 G:153 B:153	R:204 G:204 B:51

R:255 G:153 B:51	R:255 G:255 B:204	R:0 G:153 B:51

R:0 G:155 B:204	R:204 G:204 B:204	R:255 G:102 B:102

R:255 G:102 B:0	R:255 G:255 B:102	R:0 G:153 B:102

R:204 G:102 B:51	R:255 G:204 B:153	R:204 G:102 B:0

R:204 G:0 B:102	R:0 G:153 B:153	R:255 G:204 B:51

图5－81　活泼、快乐、有趣的风格配色表

分析：配色实例

图5–82所示使用了明度不同的咖啡色和浅灰色搭配，主题突出，展现出如咖啡般浓郁的味道。图5–83所示采用3种不同颜色的主色调，4种辅色予以间隔，整个画面颜色对比强烈，但很协调，特别是黑色与绿色的运用，压住了红色的艳丽。界面的布局整洁有序，颜色虽多，但不会让人觉着很花哨。

图5-82　个人宣传网页设计

突出色

R:255
G:255
B:255

辅色调

R:227 G:222 B:207

R:83 G:45 B:26

主色调

R:140
G:76
B:49

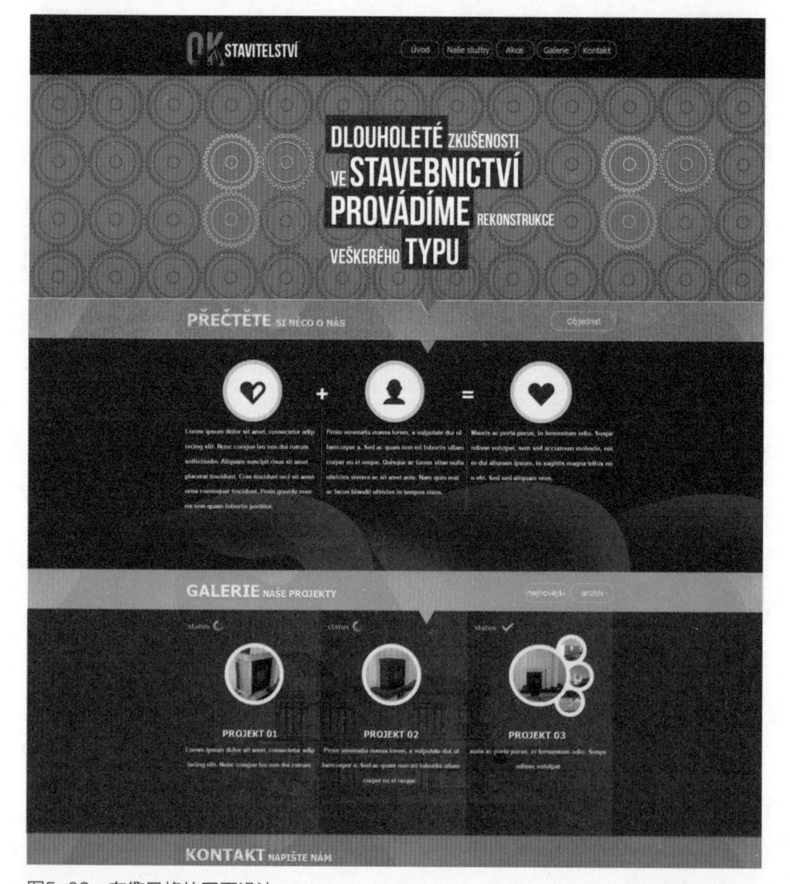

图5-83　有趣风格的网页设计

突出色

R:255
G:255
B:255

辅色调

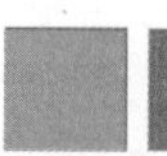

R:255 G:156 B:16

R:28 G:126 B:91

R:33 G:33 B:33

R:254
G:79
B:14

主色调

R:45 G:56 B:48

R:94 G:8 B:33

R:255 G:56 B:69

5.3.5　运动型、轻快的

这类颜色能够让人充满激情与活泼，可以传递少年生机勃勃的奔跑的感觉。色彩感较为强烈，同时还体现出了健康、阳光快乐的感觉，这类颜色的饱和度较高、亮度适中（如图5–84～图5–86所示）。

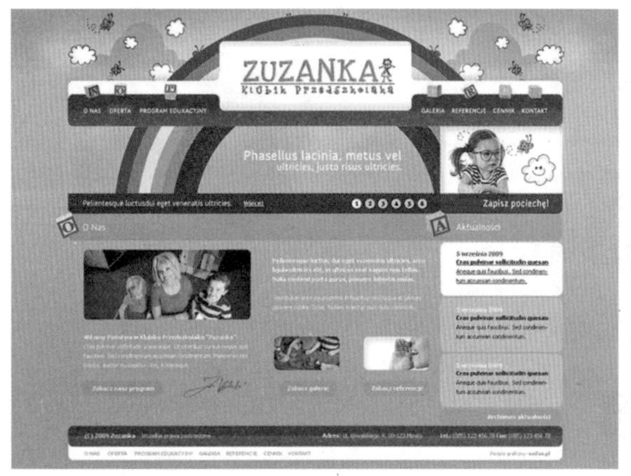

图5–84　亲子教育注册网页设计

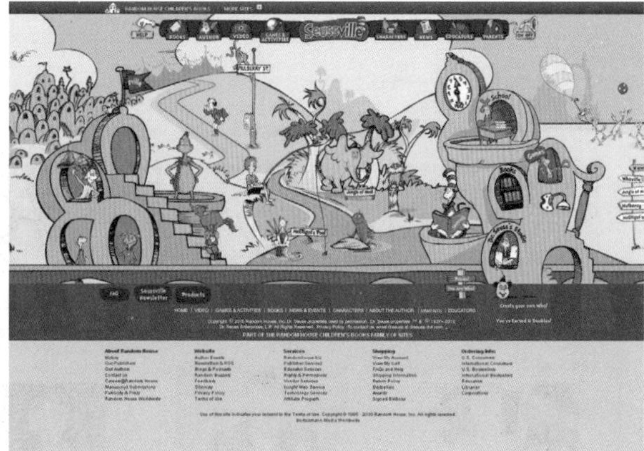

图5–85　卡通风格网页设计

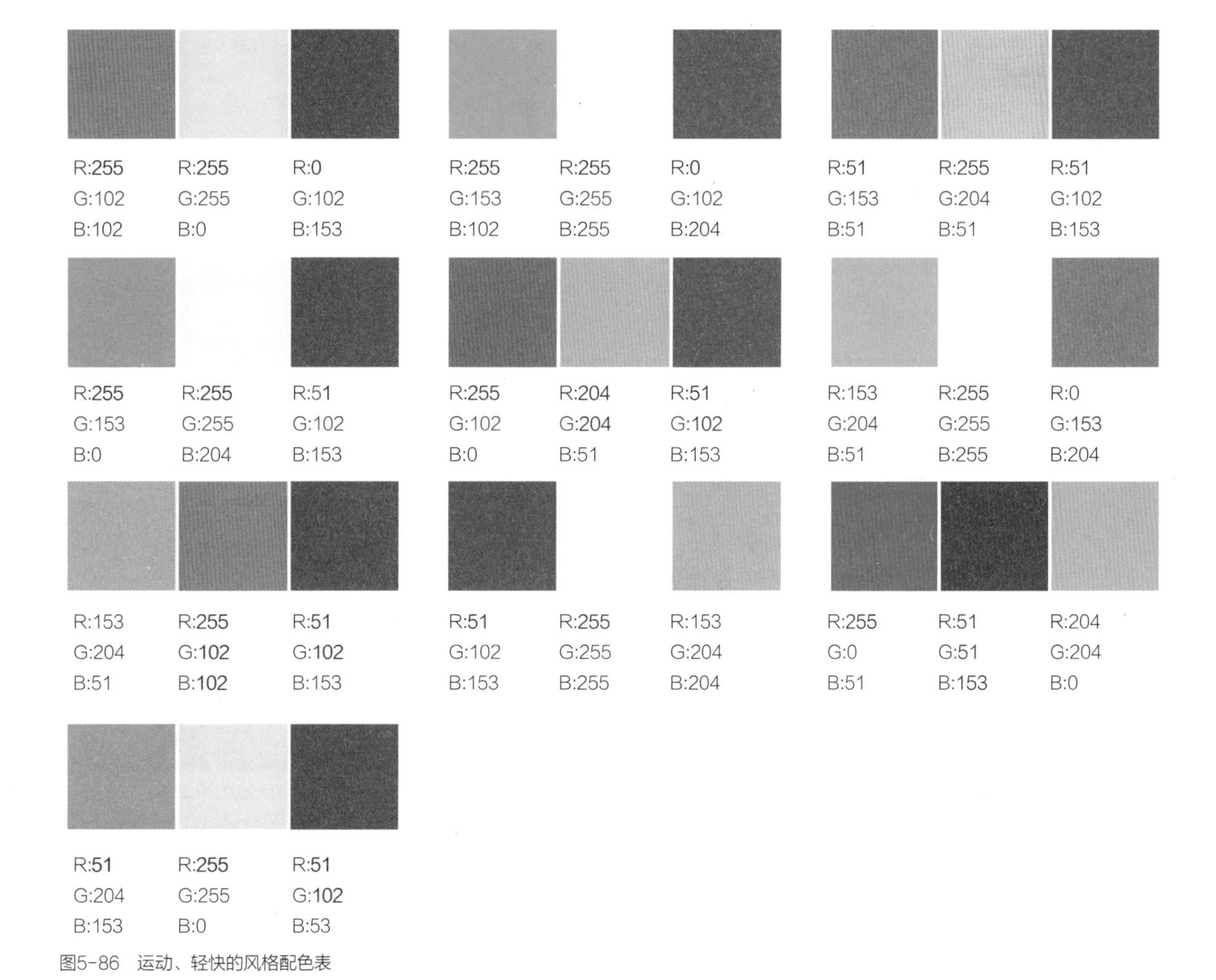

图5–86　运动、轻快的风格配色表

分析：配色实例

图5—87所示色调明快，使用了白色为主色调，配上绿色与黄色的使用，整个画面给人轻快的感觉。而图5—88所示同样是以白色调为主，配上几种不同的高纯度色彩，结合跳动的三角形、飘动的丝带，给人一种轻快、跳跃的动感。

图5-87 轻快运动风格的网页设计

突出色

R:120
G:200
B:3

辅色调

R:182 R:246
G:182 G:244
B:146 B:97

主色调

R:249 R:240
G:249 G:238
B:249 B:225

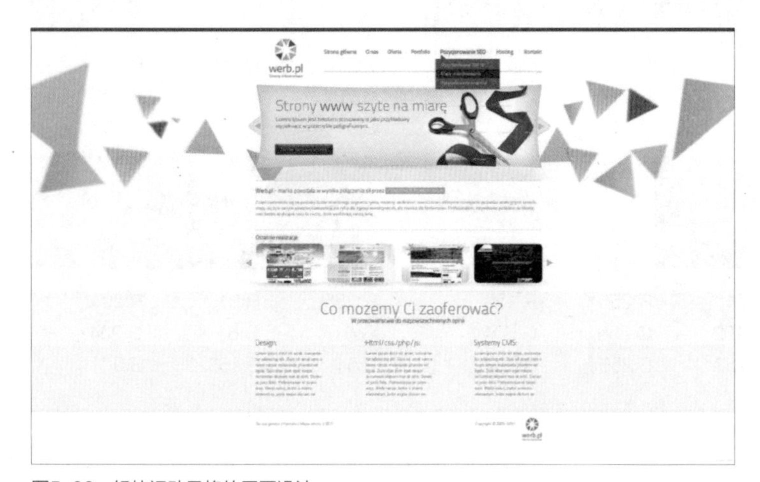

图5-88 轻快运动风格的网页设计

突出色

R:168
G:236
B:255

辅色调

R:171 R:255
G:211 G:200
B:88 B:84

R:220 R:253
G:117 G:28
B:186 B:46

主色调

R:249
G:249
B:249

5.3.6　轻快的、华丽的、动感的

这类颜色彩度较高，明度适中，色彩华丽，能够让人产生充满激情、生机勃勃的感觉。在设计时要注意冷暖搭配和色彩面积的使用，为了避免画面色彩过于鲜亮，可以适当配合黑白及灰度色彩的使用（如图5-89～图5-91所示）。

图5-89　动感风格网页设计

图5-90　轻快风格网页设计

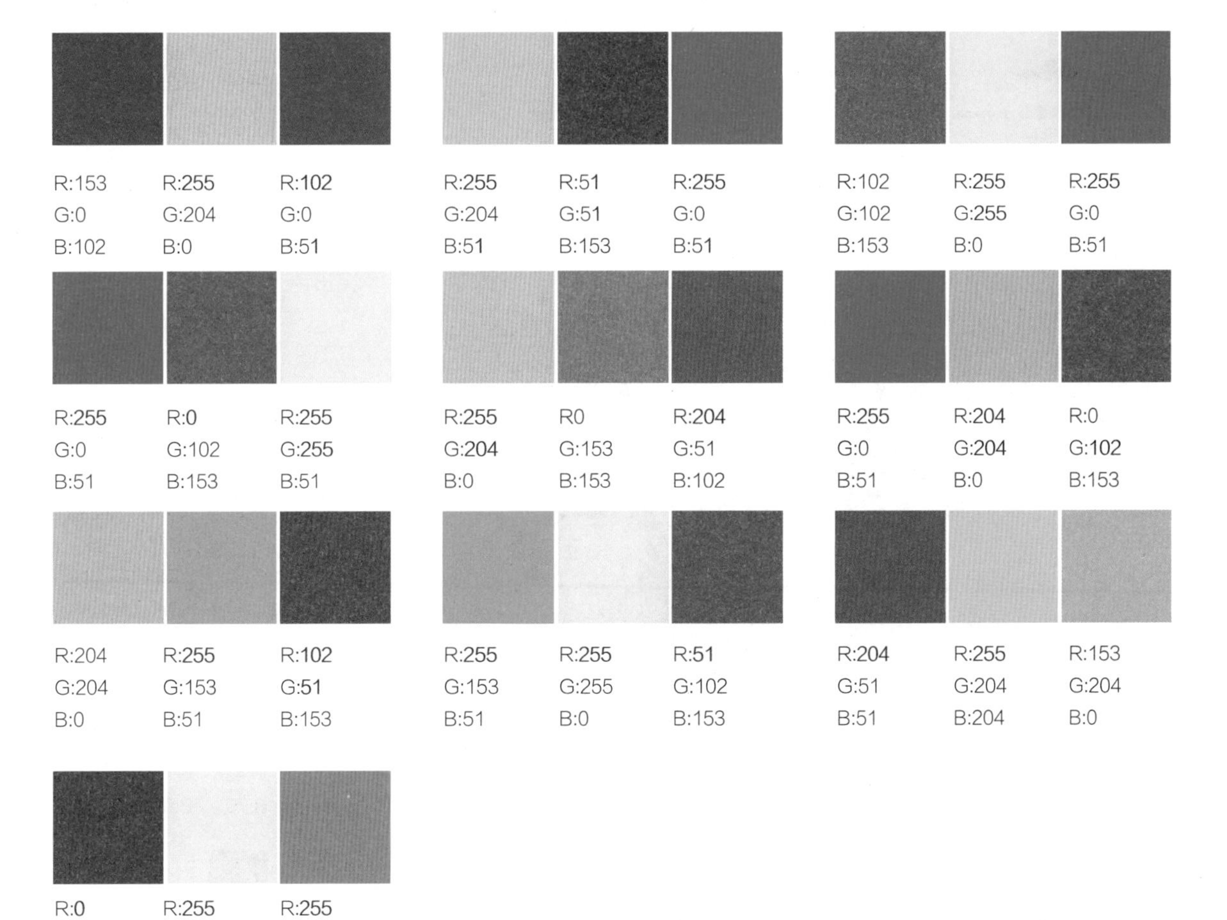

图5-91　轻快、华丽、动感的风格配色表

分析：配色实例

如图5-92所示，首先明亮的黄色便会让人感觉到很欢乐、愉快。网页是以建筑为主题，所以希望能为人们带来轻快舒适、警示信赖的感觉。不同明度的橙色与白色搭配作为背景使画面明快，整体效果统一，避免过于绚丽。图5-93所示以红色作为主色调有动感、华丽的感觉，背景上随意布置的彩色方块活泼、轻快，所应用的低明度、纯度的辅助色起到了调和界面的作用。整个画面时尚、华丽，刺激观者的购物欲望。

图5-92　建筑为主题的网页设计

突出色

R:255
G:255
B:255

辅色调

R:253 R:255
G:143 G:189
B:4 B:5

主色调

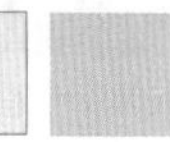

R:253 R:228
G:245 G:228
B:224 B:228

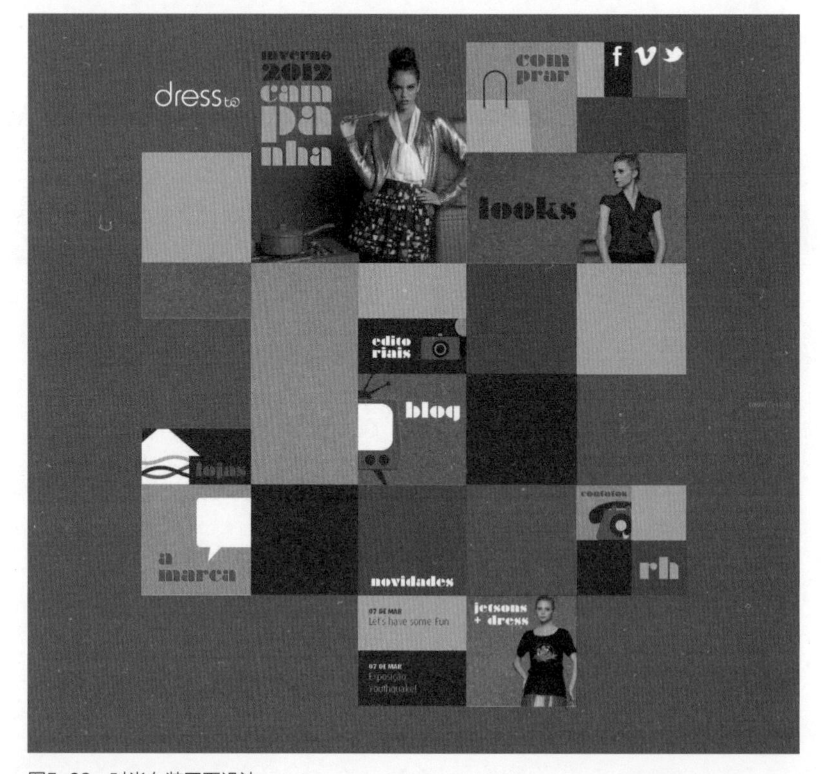

图5-93　时尚女装网页设计

突出色

R:255
G:255
B:255

辅色调

R:68 R:125 R:46
G:42 G:181 G:127
B:79 B:170 B:127

R:68 R:243
G:42 G:190
B:79 B:0

主色调

R:235
G:35
B:64

5.3.7　狂野的、充沛的、动感的

这种风格的颜色明度低，但纯度高，大多会将低明度的黑色、灰色或高明度的白色、黄色放在中间。由于其他颜色的饱和度比较高，在一起对比度大，看起来动感强烈，适用于动感、运动或休闲运动领域的网页配色（如图5−94～图5−96所示）。

图5−94　充沛感觉的网页设计

图5−95　动感风格的网页设计

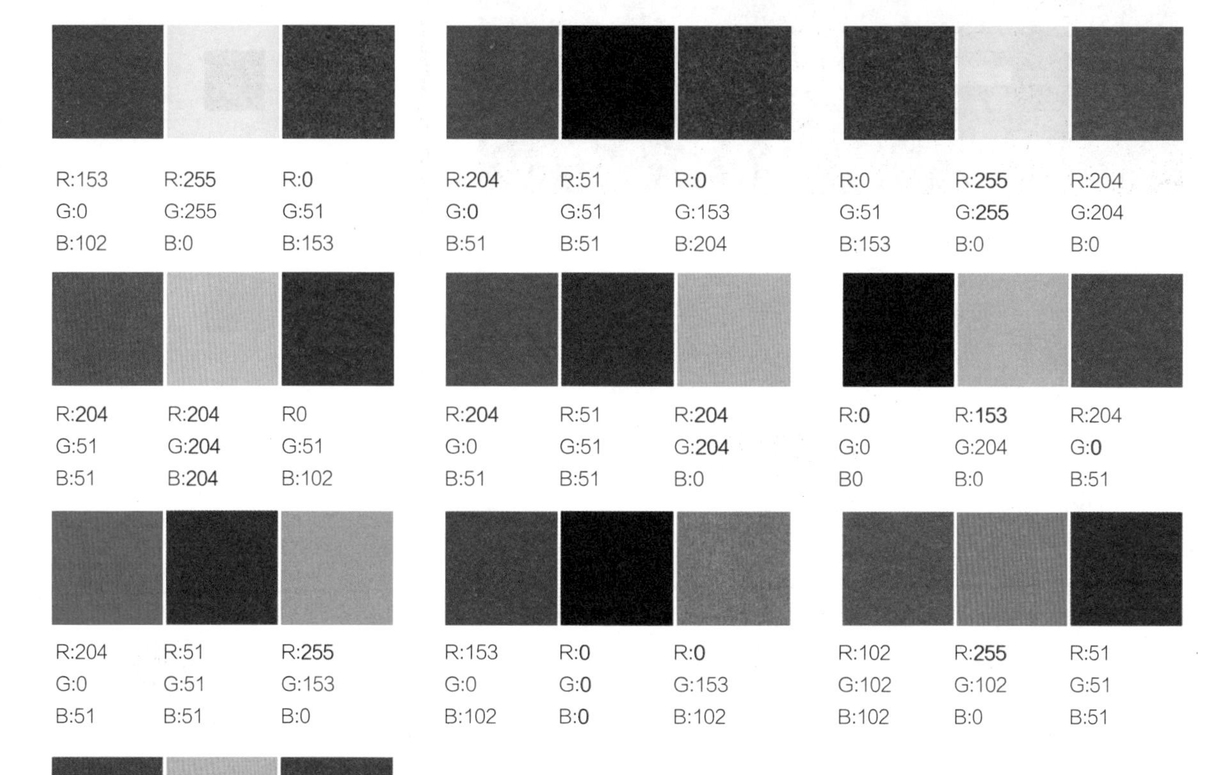

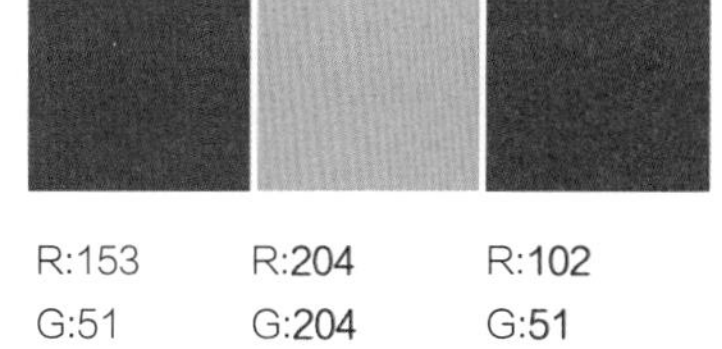

图5−96　狂野、充沛、动感的风格配色表

分析：配色实例

图5−97所示涂料宣传网页设计，黑白红的搭配能够给人强烈的视觉冲击，黑色背景中的红色看起来很抢眼，充沛中稍带野性。而图5−98所示使用的是白色背景，红色板块与红色标题显得画面整体统一，浅灰色与黄色降低了界面的对比度，看起来动感而充满活力。

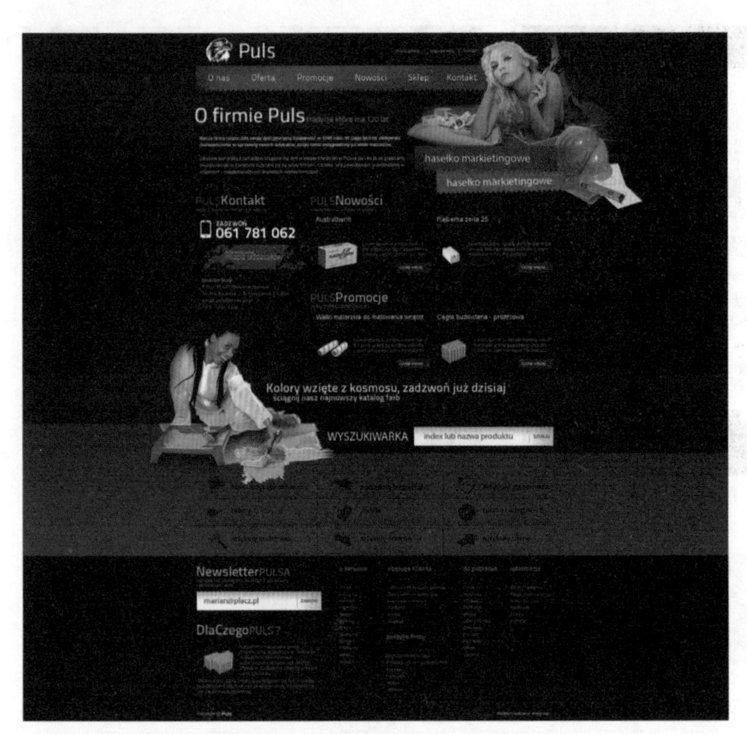

图5−97　涂料宣传网页设计

突出色

R:255
G:255
B:255

辅色调

R:118 R:33
G:0 G:126
B:0 B:73

R:26
G:142
B:219

主色调

R:0
G:0
B:0

图5−98　与汽车相关的网页宣传

突出色

R:166
G:33
B:28

辅色调

R:255 R:226
G:255 G:201
B:255 B:0

R:113 R:0
G:104 G:0
B:83 B:0

主色调

R:230
G:230
B:230

5.3.8　华丽的、花哨的、女性化的

这类颜色大多用于女性化的页面中，色彩上多采用红色、紫色、黄色等彩度较高的颜色或类似色调进行调配，调色时要注意画面的统一性。如图5-99和图5-100所示，页面中的紫色、品红、黄色比较常用，还配上了绿色系的颜色，颜色之间进行了这样高饱和的搭配，才会显得华丽、花哨（如图5-101所示）。

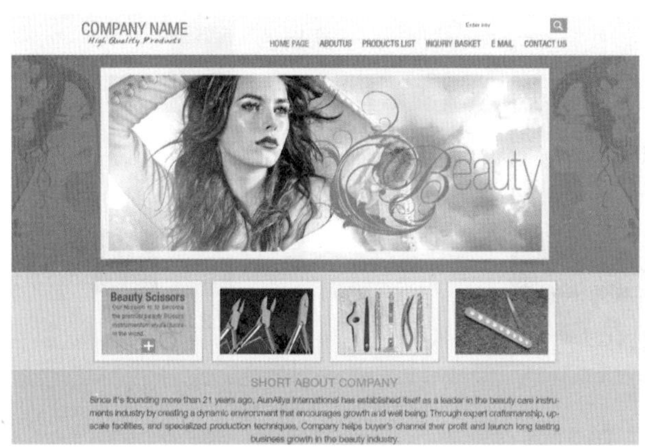

图5-99　妆容修剪产品网页设计

图5-100　香水网页设计

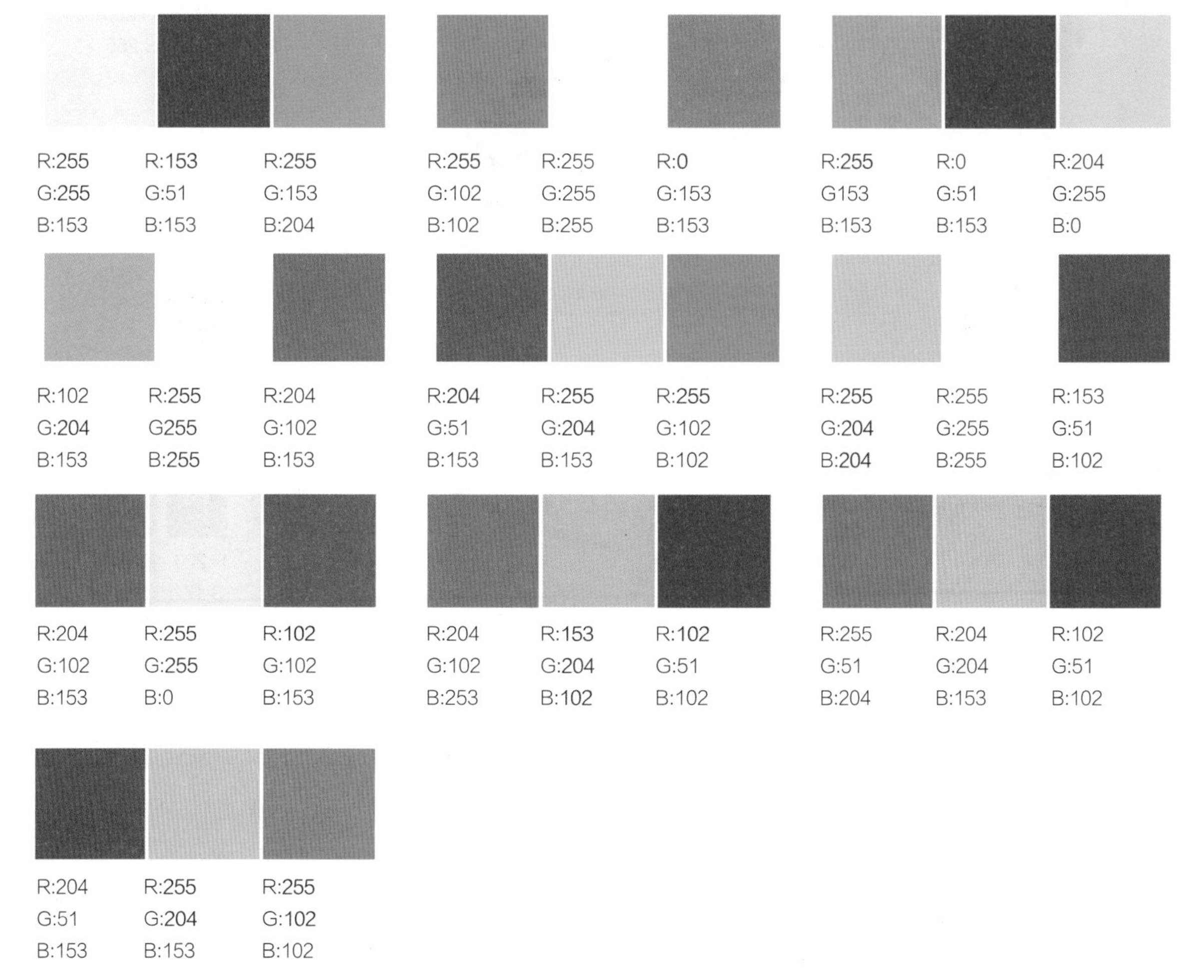

图5-101　华丽、花哨、女性化的风格配色表

分析：配色实例

图5-102中浪漫的粉色、具有质感的银色，加上鲜艳的红色，使整个界面看起来很华丽，充满幸福的气息。图5-103传递出的感觉则大不相同，浅色背景中添加了热情的红色与橙色，让界面看起来花哨俏皮。

图5-102 蛋糕为主题的网页设计

突出色

R:211
G:16
B:12

辅色调

R:224 R:94
G:0132 G:77
B:169 B:31

主色调

R:222 R:255
G:222 G:255
B:222 B:255

图5-102 披萨为主题的网页设计

突出色

R:66
G:29
B:10

辅色调

R:220 R:152
G:17 G:155
B:0 B:0

R:253
G:214
B:197

主色调

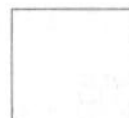

R:255
G:255
B:255

5.3.9　回味的、女性化的、优雅的

这类颜色能够给人女性化、优雅、值得回味的视觉感受，色调在紫色与红紫色之间。颜色的饱和度与明度适中，并且采用了渐变的柔和配色方法（如图5−104～图5−106 所示）。

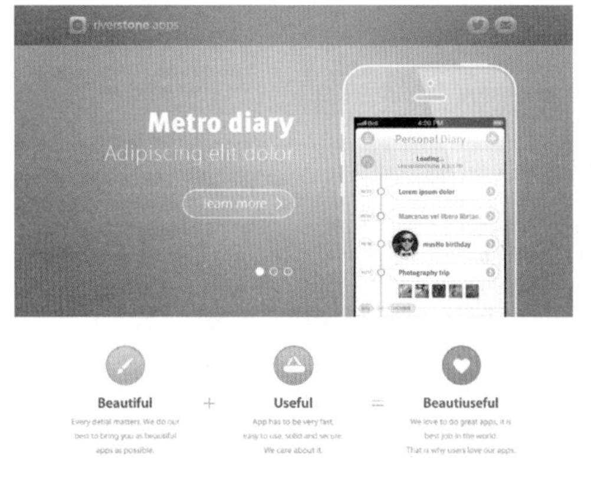

图5-104　手机宣传界面

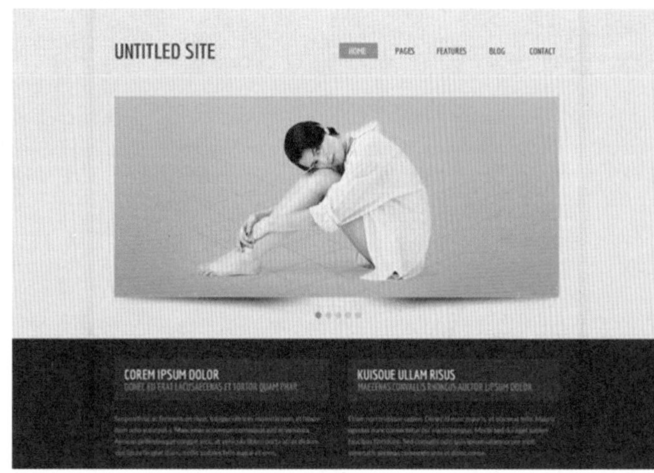

图5-105　以女性为主题的网页设计

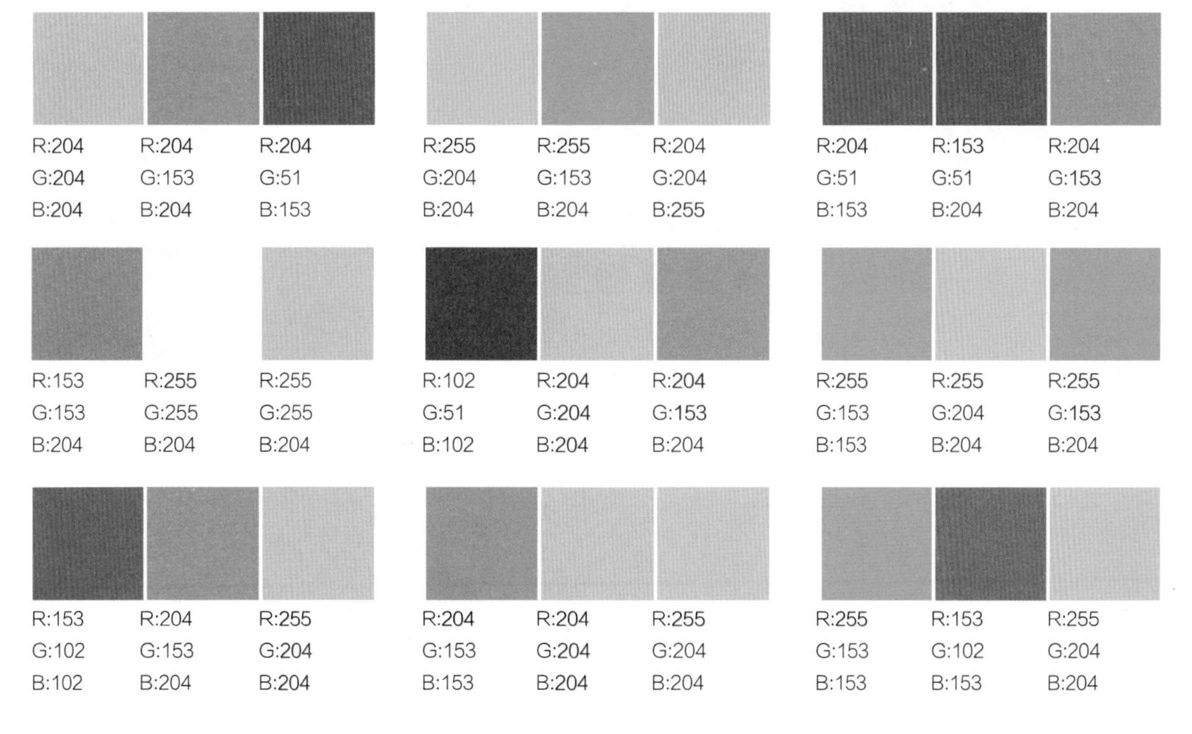

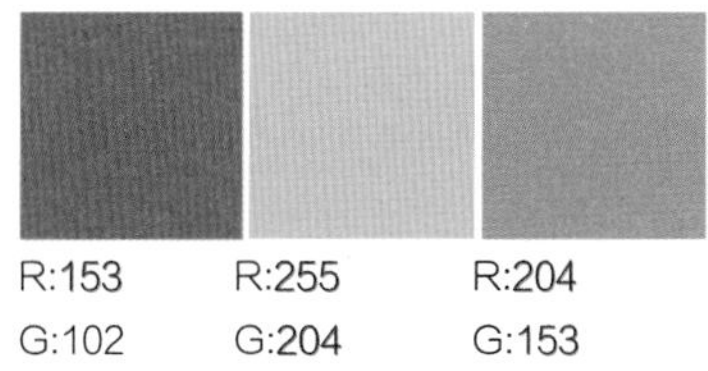

图5-106　回味、女性化、优雅的风格配色表

分析：配色实例

图5–107和图5–108都是以紫红色调为主的网页设计，其中图5–107是以女性生育为主题的网页设计，紫红色可以表现出女性的魅力与优雅，搭配上少量的橘黄色光晕，体现出女人孕育新生命的神圣与伟大。图5–108也是以女性为主题的网页宣传，整体采用了紫红色渐变与白色的搭配，感觉比较优雅，而网页的配图又增加了界面的趣味性。

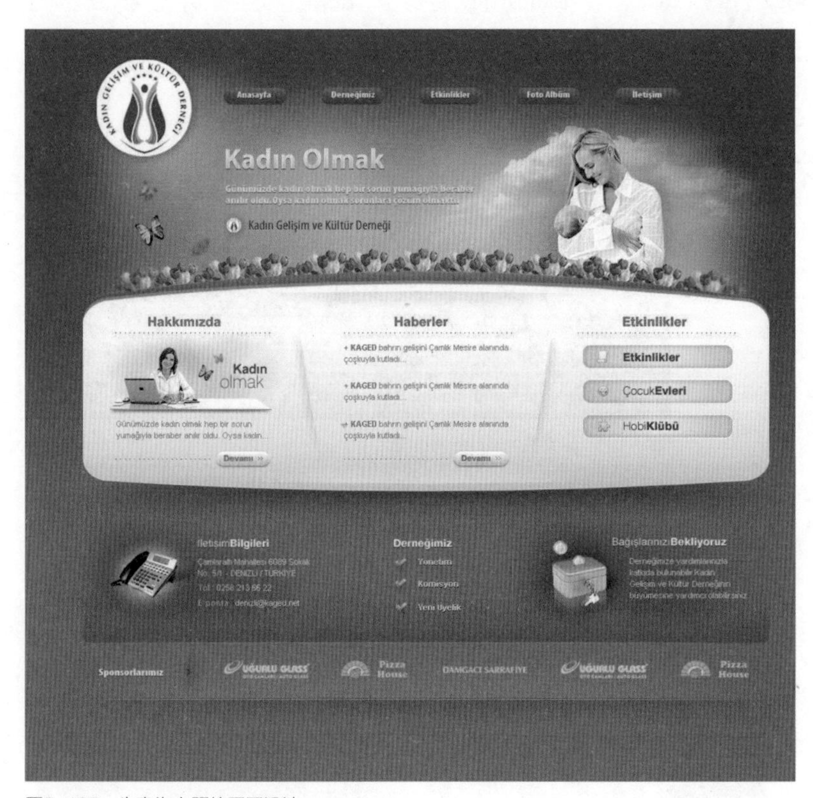

图5-107　生育为主题的网页设计

突出色

R:255
G:255
B:255

辅色调

R:38　R:250
G:116　G:132
B:201　B:246

主色调

R:208
G:85
B:140

图5-108　女性购物宣传网页

突出色

R:186
G:13
B:72

辅色调

R:224
G:132
B:169

主色调

R:255
G:255
B:255

5.3.10　高尚的、自然的、安稳的

这一风格的色彩通常选用接近大自然的色彩，明度较高，以代表自然界色彩的黄绿色为主，彩度适中。搭配色彩的时候，要注意色彩间的协调，保持页面自然安逸的感觉（如图5–109～图5–111所示）。

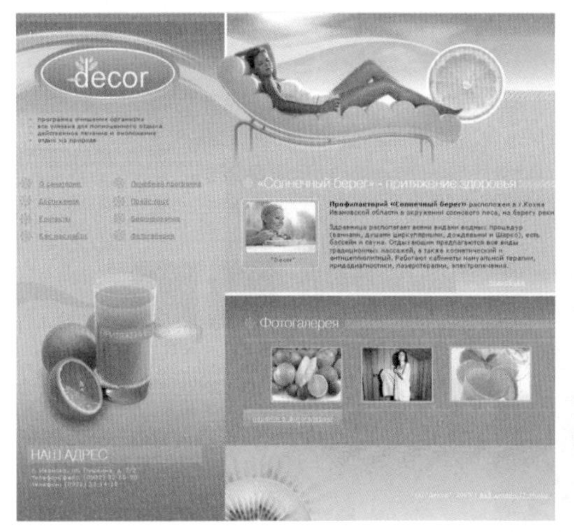

图5-109　果汁宣传网页

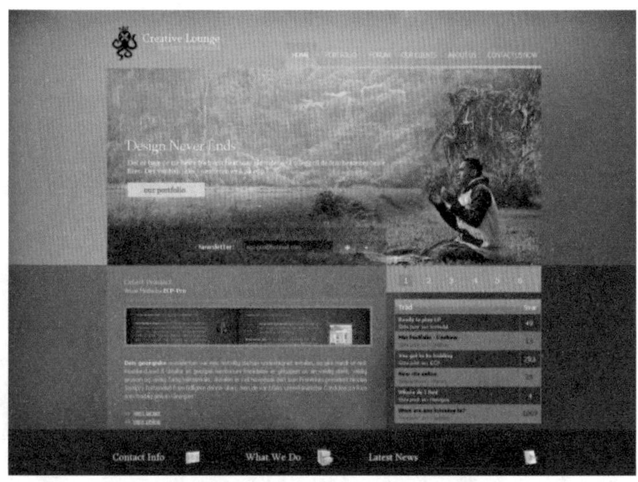

图5-110　自然安稳风格界面

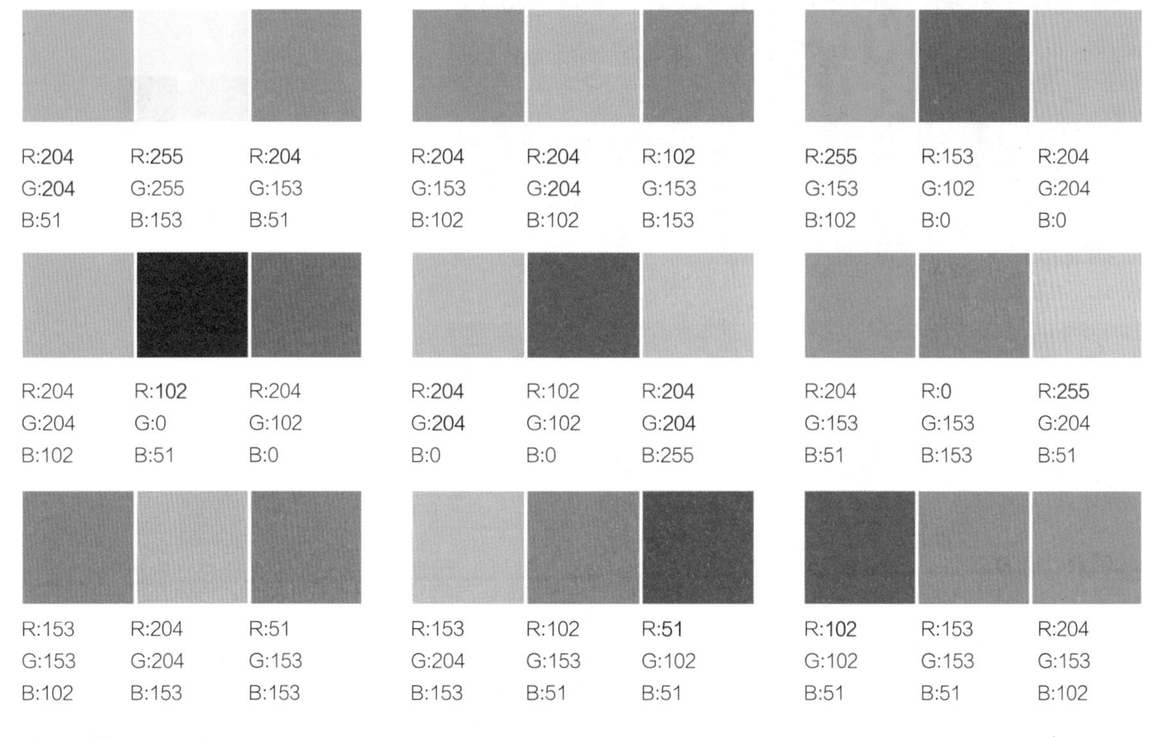

R:204	R:255	R:204	R:204	R:204	R:102	R:255	R:153	R:204
G:204	G:255	G:153	G:153	G:204	G:153	G:153	G:102	G:204
B:51	B:153	B:51	B:102	B:102	B:153	B:102	B:0	B:0

R:204	R:102	R:204	R:204	R:102	R:204	R:204	R:0	R:255
G:204	G:0	G:102	G:204	G:102	G:204	G:153	G:153	G:204
B:102	B:51	B:0	B:0	B:0	B:255	B:51	B:153	B:51

R:153	R:204	R:51	R:153	R:102	R:51	R:102	R:153	R:204
G:153	G:204	G:153	G:204	G:153	G:102	G:102	G:153	G:153
B:102	B:153	B:153	B:153	B:51	B:51	B:51	B:51	B:102

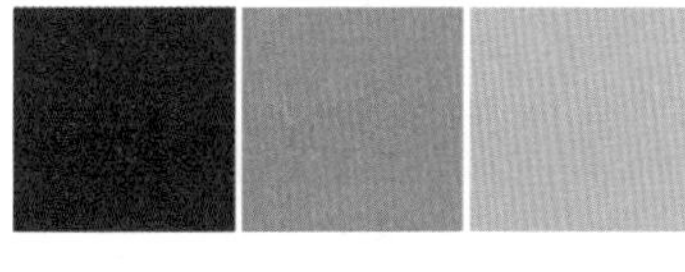

R:102	R:204	R:204
G:0	G:153	G:204
B:0	B:0	B:153

图5-111　高尚、自然、安稳的风格配色表

分析：配色实例

图5–112属于以大自然颜色为主的绿色调界面。界面很形象地将蓝天、白云、绿山都表现了出来，辅助色用到了褐色与黑色，调和界面的同时，也给人自然、高端的感觉。图5–113中以田园风光为背景，颜色纯度适中，明度高，给人一种原生态的自然的感觉。

图5–112 电子产品介绍网页

突出色

R:255
G:255
B:255

辅色调

R:97 G:50 B:6

R:0 G:0 B:0

R:70
G:216
B:53

主色调

R:110 G:147 B:31

R:48 G:61 B:17

图5–113 食品宣传网页设计

突出色

R:242
G:233
B:164

辅色调

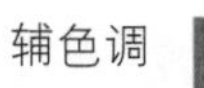 

R:12 G:117 B:123

R:255 G:255 B:255

R:102
G:51
B:0

主色调

R:37 G:79 B:5

R:150 G:170 B:0

5.3.11　冷静的、自然的

这一风格的颜色主要是以绿色为主，绿色能够给人冷静与自然的视觉感受，由于绿色偏冷，在设计时可以搭配一些稍暖一点的亮色，起到中和的作用（如图5–114～图5–116所示）。

图5-114　工程宣传网页设计

图5-115　粮食介绍网页设计

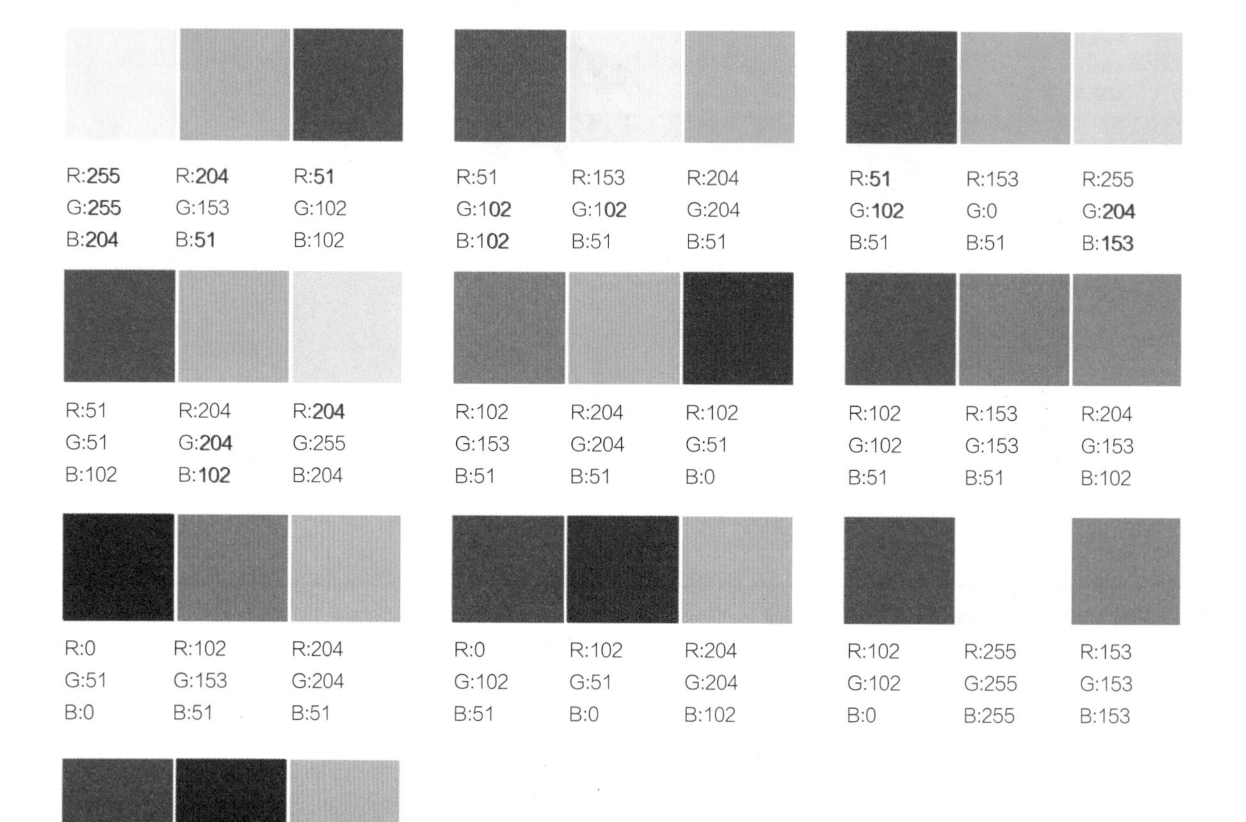

图5-116　冷静、自然的风格搭配表

分析：配色实例

图5-117的整体色调偏灰，加上黑色后整个界面给人们传递出冷静自然的视觉感受。图5-118明度比图5-117要高，整个界面要鲜亮许多，整体风格偏向大自然的感觉。

图5-117 灰调的网页设计

突出色

R:195 G:181 B:93

R:162 G:101 B:36

辅色调

R:40 G:80 B:54

R:0 G:0 B:0

主色调

R:235 G:225 B:189

图5-118 自然风格的网页设计

突出色

R:107 G:140 B:10

辅色调

R:192 G:158 B:69

R:0 G:125 B:15

主色调

R:208 G:85 B:140

R:255 G:255 B:255

5.3.12　传统的、高雅的、优雅的

这类风格的颜色主要以紫色、灰色为主，搭配纯度不高的其他色调，给人以优雅、高贵的感觉。整体色调为饱和度与明度适中的灰调（如图5-119～图5-121所示）。

图5-119　优雅高贵风格网页设计

图5-120　优雅高贵风格网页设计

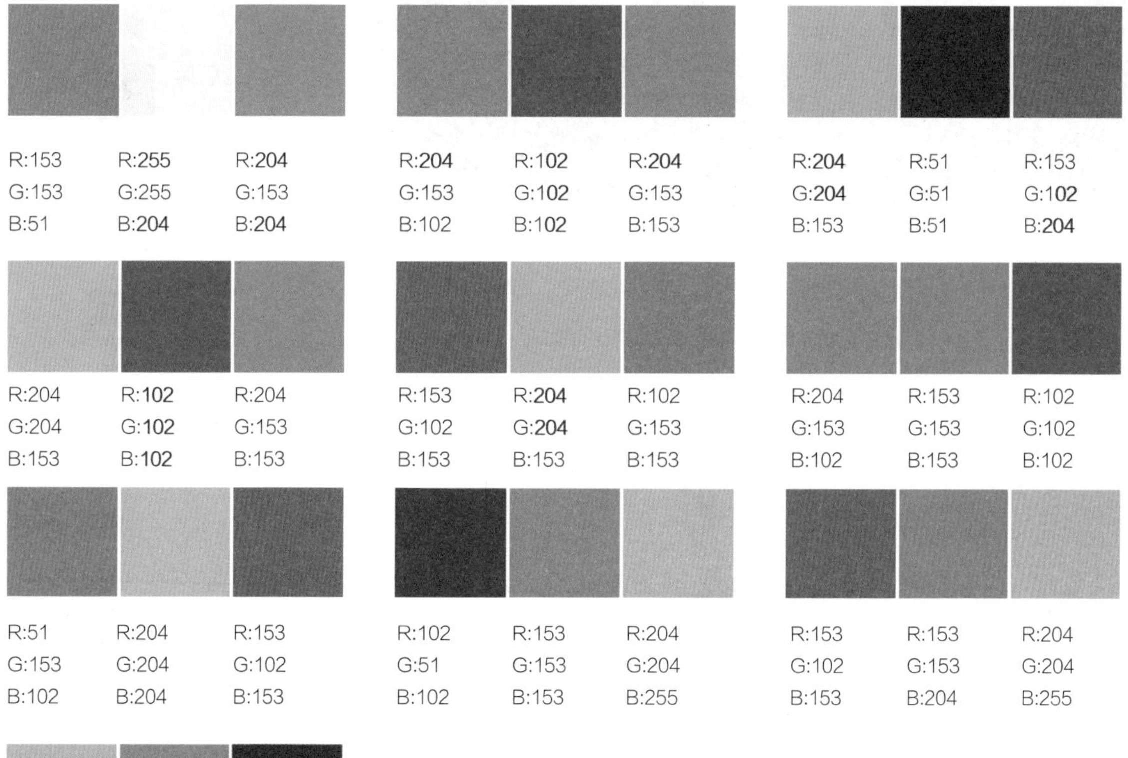

R:153 G:153 B:51　R:255 G:255 B:204　R:204 G:153 B:204

R:204 G:153 B:102　R:102 G:102 B:102　R:204 G:153 B:153

R:204 G:204 B:153　R:51 G:51 B:51　R:153 G:102 B:204

R:204 G:204 B:153　R:102 G:102 B:102　R:204 G:153 B:153

R:153 G:102 B:153　R:204 G:204 B:153　R:102 G:153 B:153

R:204 G:153 B:102　R:153 G:153 B:153　R:102 G:102 B:102

R:51 G:153 B:102　R:204 G:204 B:204　R:153 G:102 B:153

R:102 G:51 B:102　R:153 G:153 B:153　R:204 G:204 B:255

R:153 G:102 B:153　R:153 G:153 B:204　R:204 G:204 B:255

R:204 G:204 B:153　R:153 G:153 B:153　R:102 G:51 B:0

图5-121　传统、高雅、优雅的风格配色表

分析：配色实例

图5−122中以玫红色与紫色为主色调，色彩艳丽神秘，让人心情荡漾、充满浪漫情怀。这是以女性香水为主题的网页设计，图中的猫女郎性感迷人，正如网页所传递出的主题一样。

图5−123是以五谷宣传为主的网页设计。界面整洁，图文有序地排列在一起，深浅不一的灰色背景与谷色相搭配，传递出民以食为天的传统风格。

图5−122　女性香水网页设计

突出色

R:164
G:1
B:180

辅色调

R:81	R:246
G:84	G:241
B:119	B:247

主色调

R:122
G:26
B:64

图5−123　五谷宣传网页设计

突出色

R:234
G:56
B:52

辅色调

R:247	R:111
G:198	G:111
B:0	B:111

主色调

R:197	R:255
G:197	G:255
B:197	B:255

5.3.13　传统的、稳重的、古典的

这一风格的色彩表现比较保守、传统，色彩的选择上应该尽量用低亮度的暖色与中性色。这样的搭配风格才符合稳重、经典的审美，有着浓郁的咖啡味道（如图5—124～图5—126所示）。

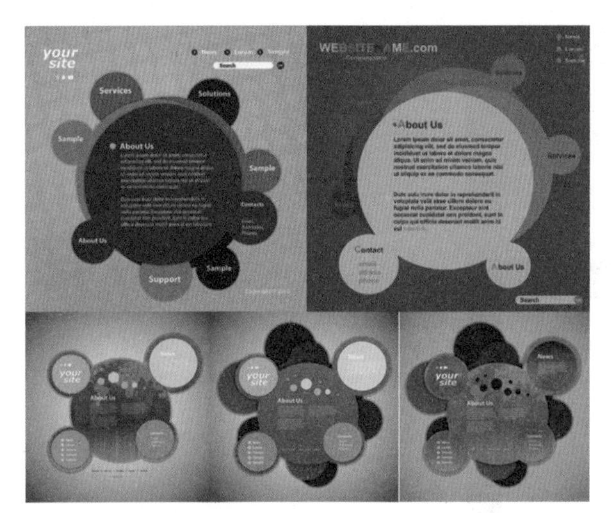

图5-124　稳重风格的界面设计

图5-125　传统稳重的界面设计

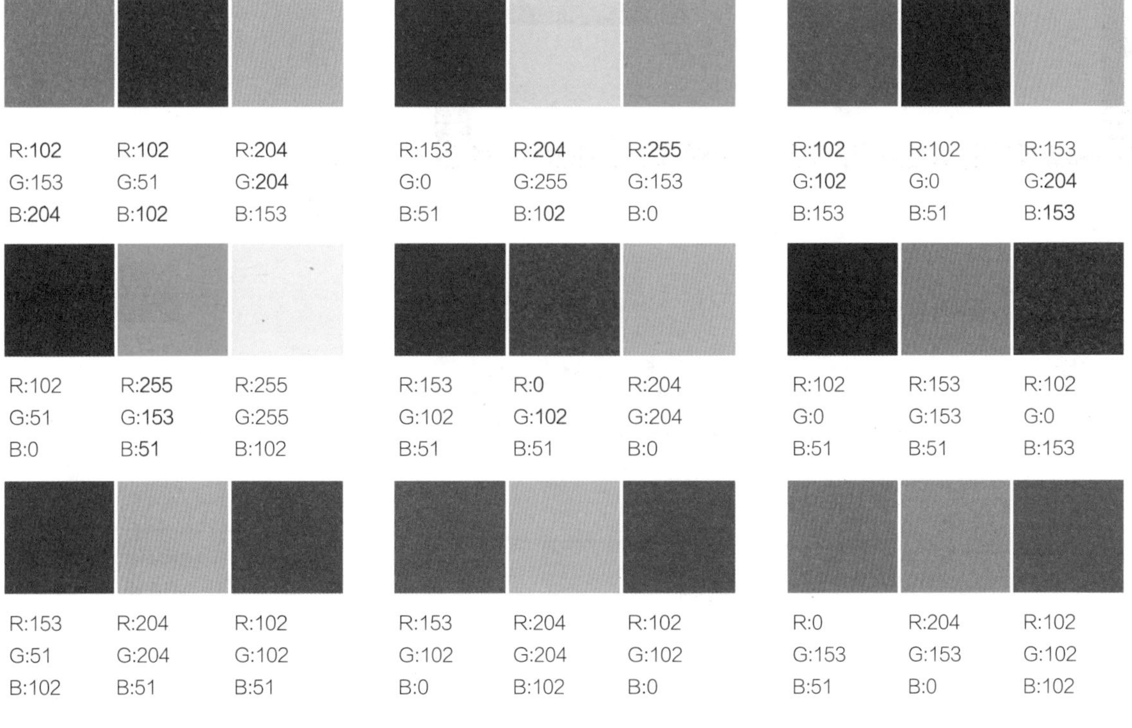

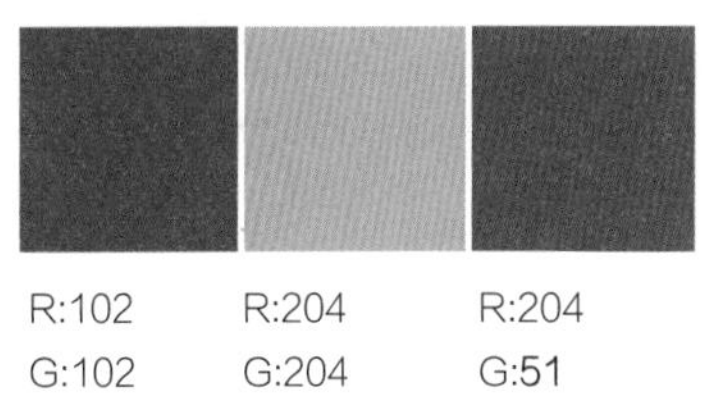

图5-126　传统、稳重、古典的风格配色表

分析：配色实例

图5-127中用色饱和度很高，色调为中性色，黑色和乳白色与这样的颜色搭配，展现出传统稳重的视觉感受。图5-128中同样以中性色为色调，但是主色调为浅灰色，同样也能够表现出稳重的视觉感受。

图5-127　以健康保健为主题的网页设计

突出色

R:164	R:204
G:1	G:254
B:180	B:0

辅色调

R:81	R:246	R:102
G:84	G:241	G:153
B:119	B:247	B:0

主色调

R:235
G:237
B:226

图5-128　传统稳重感的网页设计

突出色

R:27
G:54
B:109

辅色调

R:247	R:42
G:198	G:100
B:0	B:16

主色调

R:197	R:255
G:197	G:255
B:197	B:255

5.3.14 忠厚的、稳重的、有品位的

这类风格多采用亮度与饱和度偏低的色彩，多用蓝色调、绿色调进行表现，能够让人联想到男性的成熟稳健，给人忠厚稳重的视觉感受。搭配色彩时要避免过于保守，以免使页面显得生硬消极，另外也要注意冷暖的对比（如图5-129～图5-131所示）。

图5-129 稳重感的网页设计

图5-130 忠厚感的网页设计

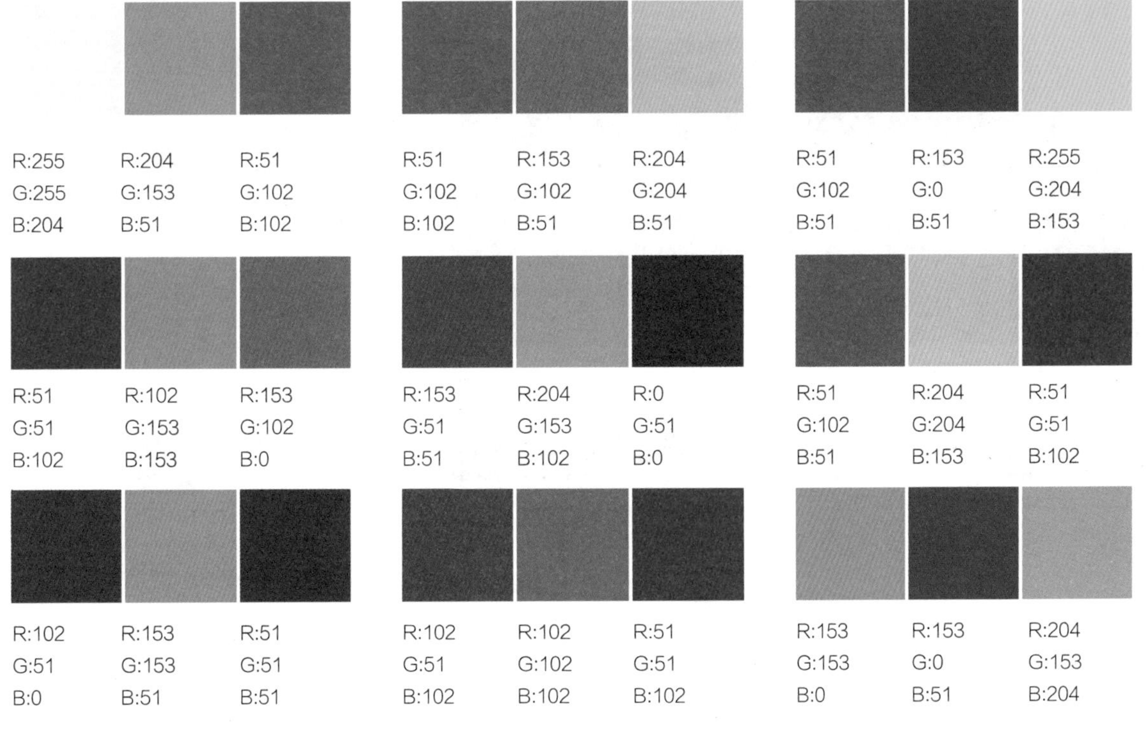

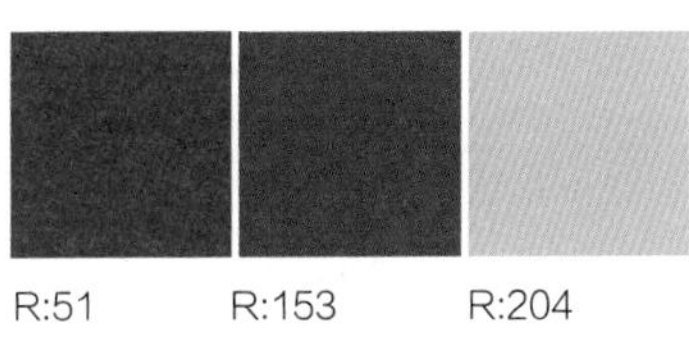

图5-131 忠厚、稳重、有品位的风格配色表

分析：配色实例

图5−132所示运用了不同明度的蓝色，与橙色、红色搭配，使整个界面稳重与品味并存。图5−133所示用的是大面积白底，配合灰色，给人的感觉朴实忠厚；渐变的红色辅助色的运用立刻给毫无生机的画面带来活力，同时又不失稳重与品味。

图5−132　具有品味感的网页设计

突出色

R:201
G:230
B:228

辅色调

R:94 G:179 B:174
R:225 G:129 B:52

R:240
G:115
B:111

主色调

R:53
G:64
B:84

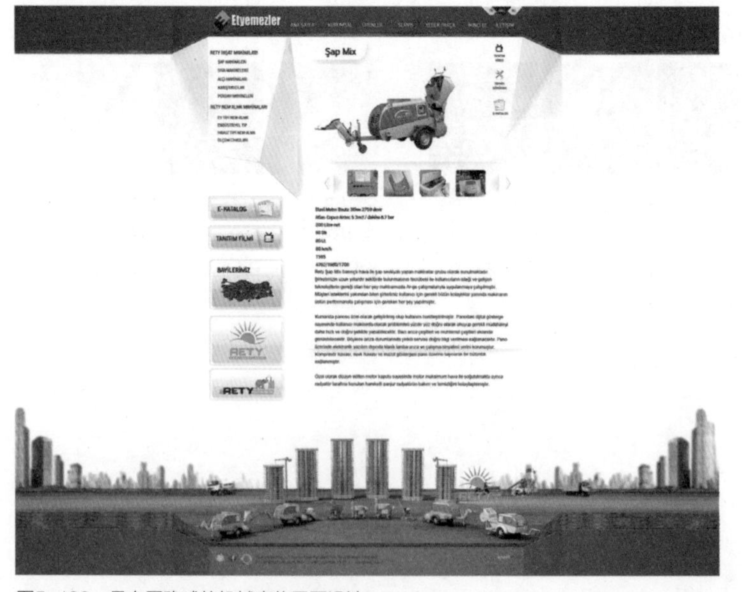

图5−133　具有平稳感的机械宣传网页设计

突出色

R:167
G:11
B:12

辅色调

R:220 G:95 B:47
R:36 G:178 B:166

主色调

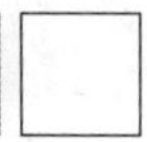

R:85 G:85 B:85
R:255 G:255 B:255

5.3.15　简单的、洁净的、进步的

这类型的颜色主要以蓝色、绿色和白色为主，饱和度适中。亮度较高的冷色调看起来洁净、简单、柔和，搭配高明度的灰色，给人一种时尚的感觉（如图5-134～图5-136所示）。

图5-134　以白色、浅蓝为主的网页设计

图5-135　蓝色渐变背景的网页设计

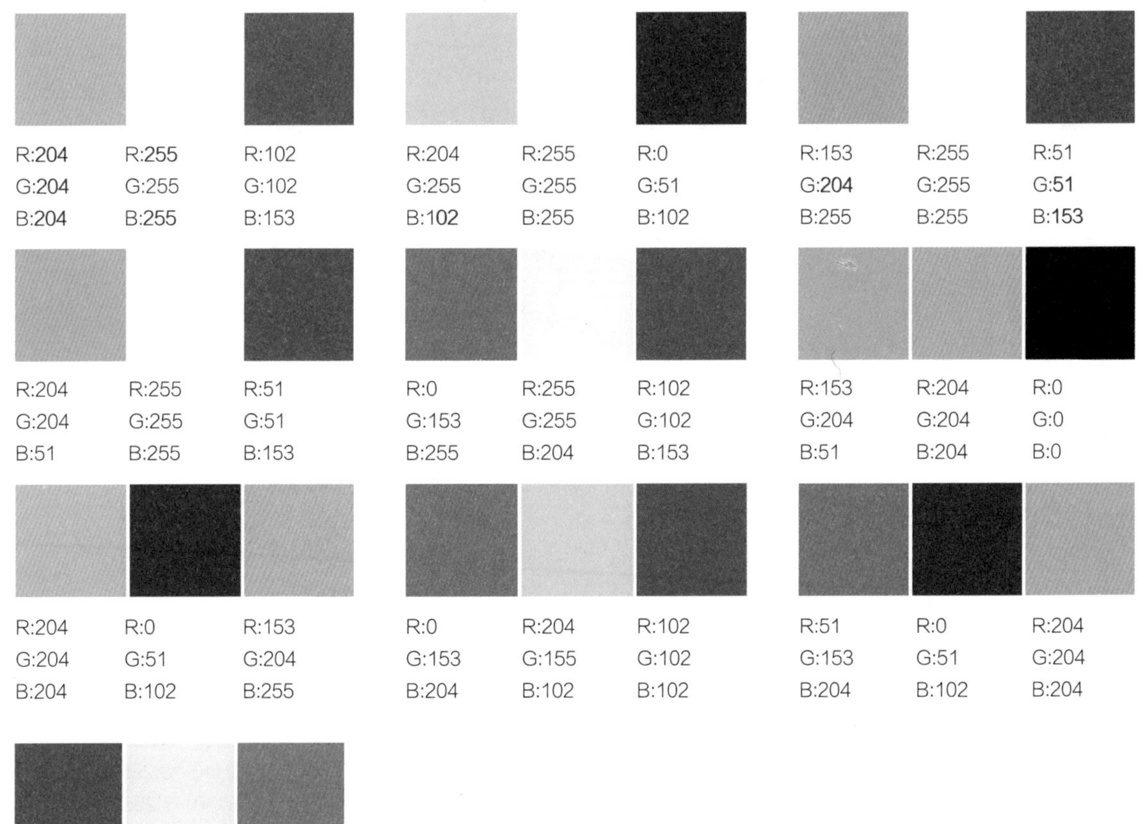

图5-136　简单、洁净、进步的风格配色表

分析：配色实例

下面两幅图都是用蓝色作为背景，界面看起来简单大方。图5–137使用了蓝色、黄色、白色，合理的布局和颜色分配让界面的主次明确，主题突出，整个画面的色彩给人简单洁净的感觉。图5–138虽然没有太鲜艳的色彩，但是渐变的淡蓝色与青色，让界面看起来感觉严谨、具有规划，橘黄色又为界面增添了一份活跃。

图5–137 宠物宣传的网页设计

突出色

R:255
G:255
B:255

辅色调

R:225 G:222 B:58

R:9 G:112 B:179

R:118 G:185 B:0

主色调

R:109
G:187
B:253

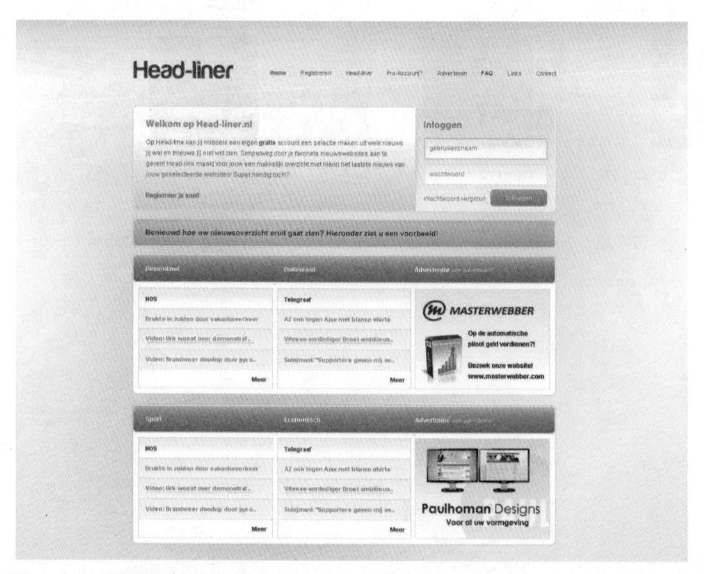

图5–138 有进步感的网页设计

突出色

R:251
G:149
B:41

辅色调

R:20 G:116 B:140

R:255 G:255 B:255

主色调

R:211
G:240
B:248

5.3.16 简单的、高尚的、高雅的

这类色彩主要以灰色系为主。不同的灰度搭配上中性色与冷调色彩，看起来给人很高雅的感觉，而搭配上蓝色的话，则给人以高尚与可信赖的感觉（如图5−139～图5−141）所示。

图5−139 高尚感的网页设计

图5−140 高雅的网页设计

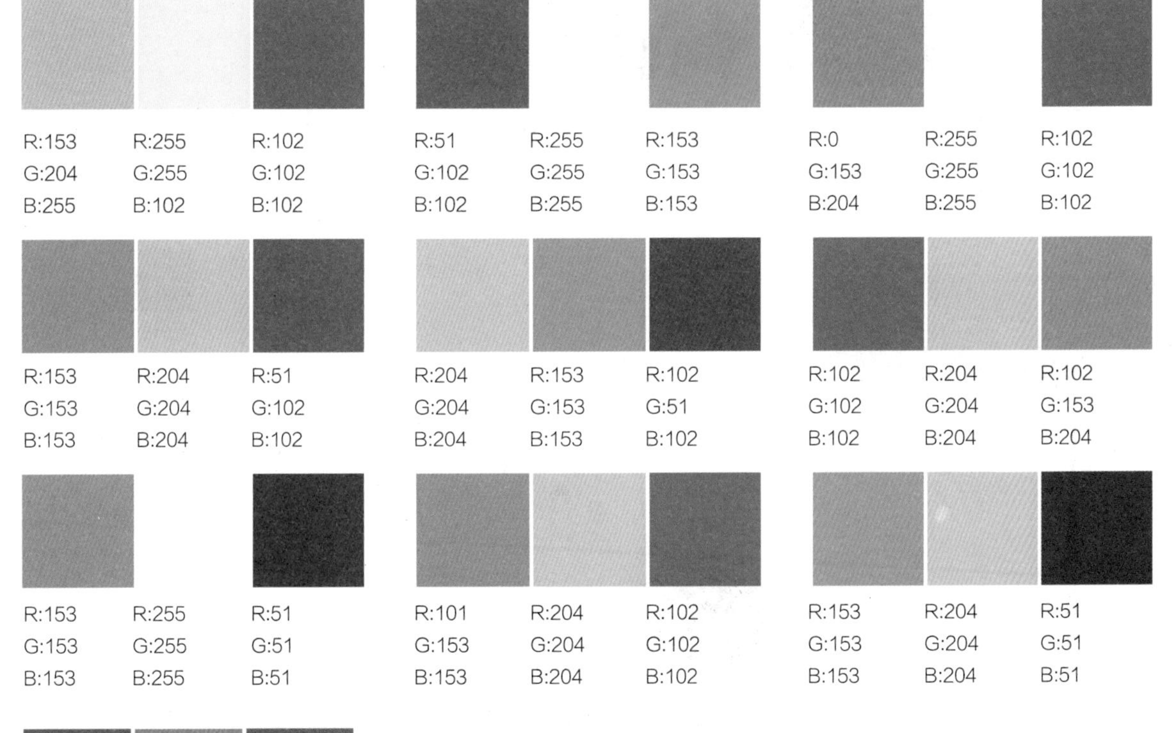

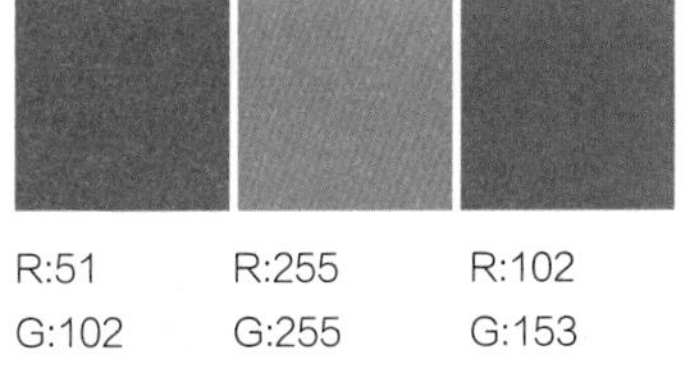

图5−141 简单、高尚、高雅的风格配色表

分析：配色实例

图5−142、图5−143的网页设计都能给人舒适简单、高雅的视觉感受。图5−142以低明度的黄色、深灰色、白色以及少量的淡蓝色为色彩设计，简单高雅，主次明确。图5−143虽是以白色为背景，但是蓝色的天空及渐变的灰底、灰字，已将网页内容明确表示了出来，体现简单高雅的情调。

图5−142　简单大方的网页设计

突出色

R:0
G:0
B:0

辅色调

R:251 R:58
G:149 G:58
B:41 B:58

主色调

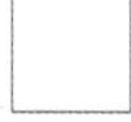

R:255
G:255
B:255

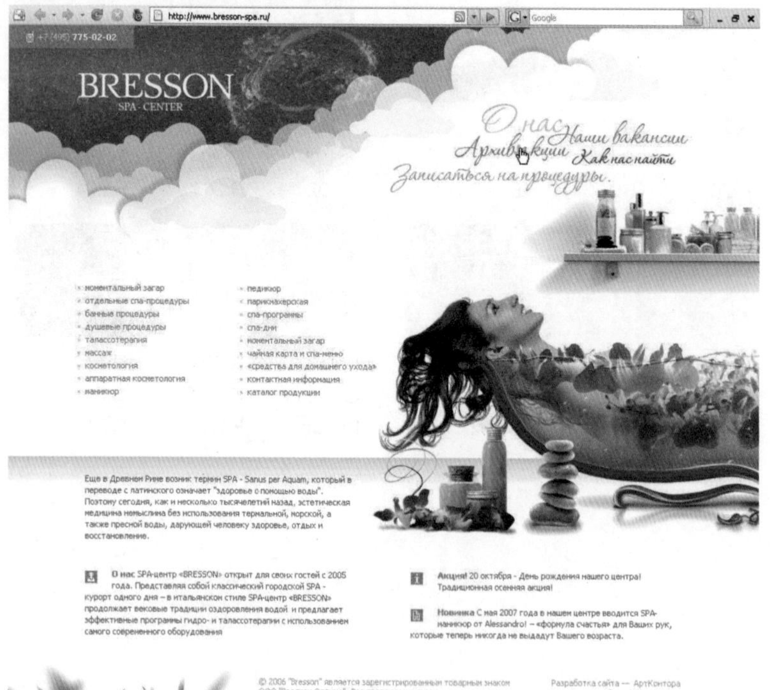

图5−143　洗浴产品宣传网页

突出色

R:115
G:163
B:27

辅色调

R:20
G:116
B:140

主色调

R:182 R:255
G:207 G:255
B:214 B:255

5.3.17　简单的、进步的、时尚的

这类风格多使用中等对比度的颜色为主色调，在图5-144中，灰色、蓝色、黑色这样的颜色都属于中等对比度的颜色，营造出一种浓郁的都市气氛。用带有灰色调的蓝色和相同色相而灰度不同的青色搭配，来分清内容的主次，其搭配色彩简单、时尚，保持了高度的协调感。加上黑色的块面，使网页显得时尚、个性。再选择红色作为点睛之笔，在灰色调的界面上，红色显得热情俏皮，使界面颇为新颖（如图5-145所示）。

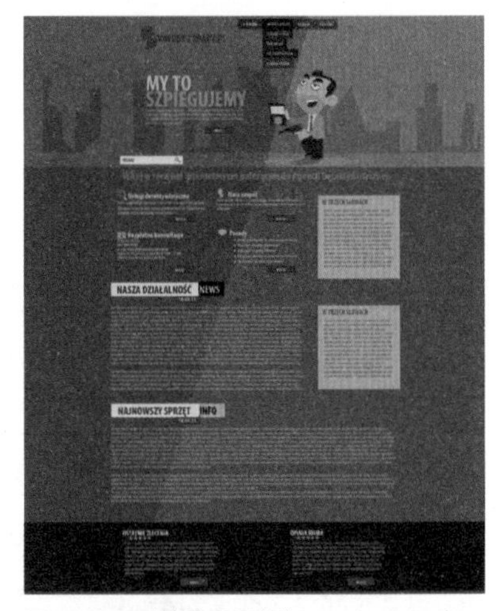

图5-144　时尚的网页宣传

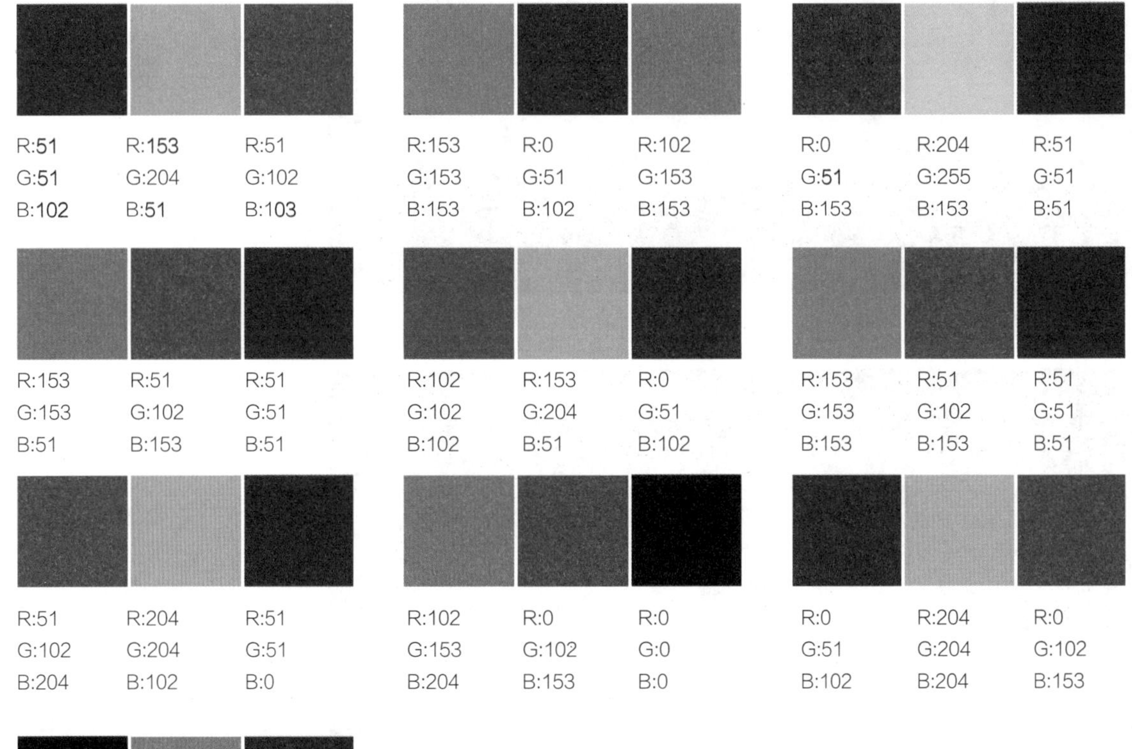

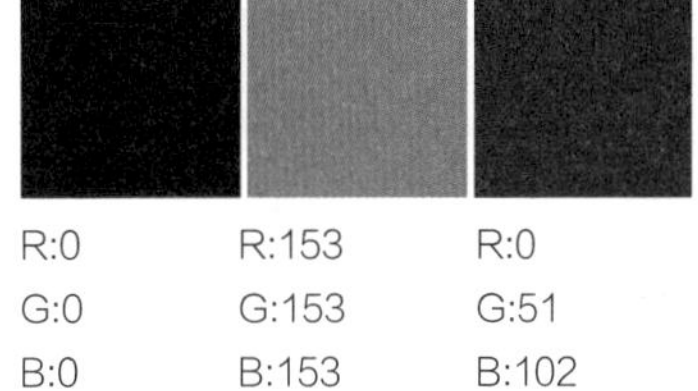

图5-145　简单、进步、时尚的风格配色表

分析：配色实例

图5–146、图5–147的网页设计都是以蓝色为主色。图5–146在偏灰度的背景中，将高亮度的蓝色使用在其中，亮眼夺目，时尚的光感显示出了科技与进步的感觉。图5–147中以宝蓝为背景，加上炫彩的渐变素材，看起来高雅时尚，具有个性。

图5–146　时尚的网页宣传

突出色

R:251
G:149
B:41

辅色调

R:20
G:20
B:20

主色调

R:42
G:57
B:86

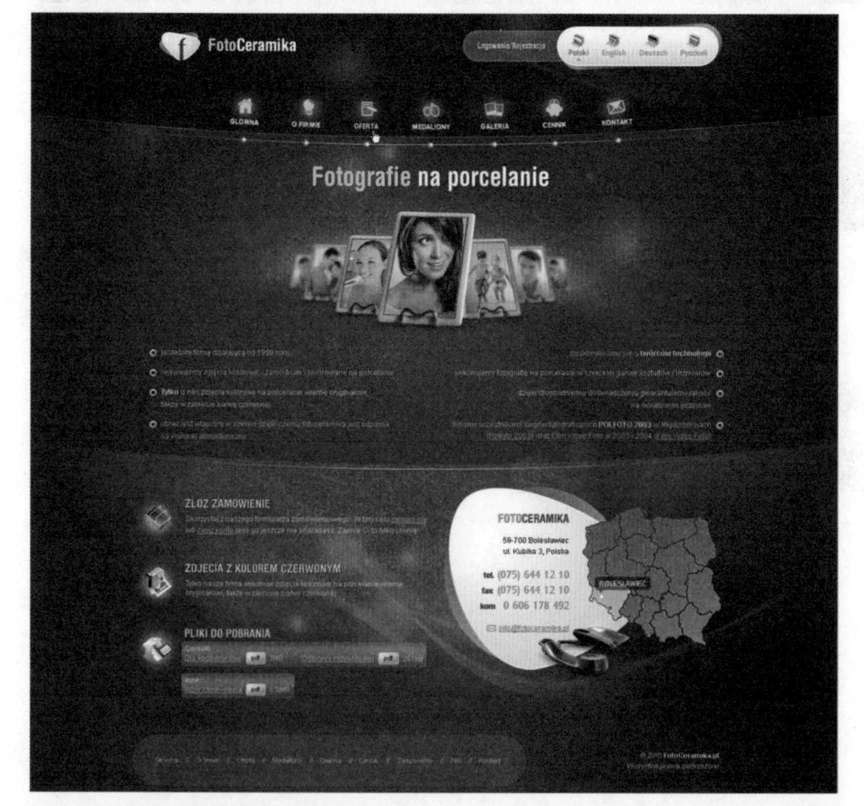

.图5–147　时尚的网页宣传

突出色

R:244
G:245
B:249

辅色调

R:55
G:218
B:251

主色调

R:2
G:6
B:95

图5−148的网页设计以蓝色、白色为主，有序的网页布局让内容看起来很规整，白色文字布满整个网页的大小角落，让界面看起来整体统一，又不失时尚。

图5−148　简洁有序的网页设计

附录——优秀网页设计与配色参考

www.connectmania.com

这是一个休闲游戏网站的官网，可以用鼠标连接数字的点点，连接成一个物体形状。

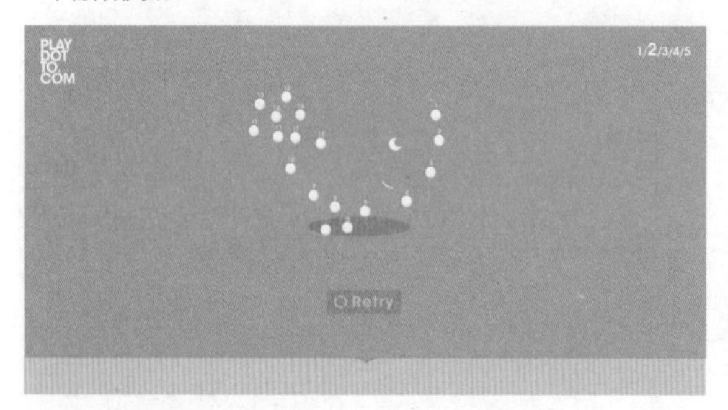

www.scriptandseal.com

模块化的网格在网页设计中越来越受欢迎，一般结合图片和鲜艳的颜色风格布局来创建。

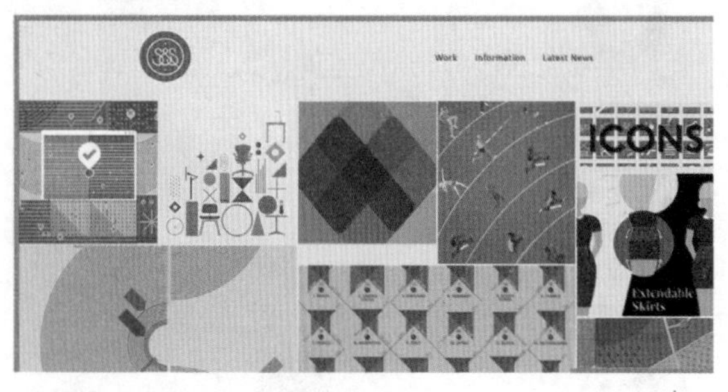

www.fabrik.co.jp

艺术家喜欢直观的展示，用材质、色彩和细节给用户的眼睛来一次充分的洗礼。网站展示的产品色彩非常漂亮，在白色的底上展示，充足的留白让产品自然而然成为视觉的焦点。

www.michelbergermonkey.com

3种颜色的网页设计，红绿蓝加留白区域的方式。

www.mixd.co.uk

这是英国的一家设计公司网站，整个页面运用扁平化设计，简洁大方，整版红色视觉冲击力很强。

www.ondo.tv

Ondo的首页使用了一种非常少见的非传统配色方案，结合华丽的动画和特殊的元素，为用户营造出特殊的氛围。

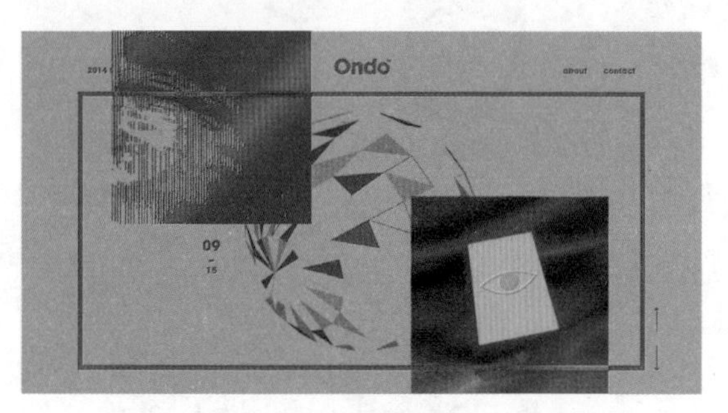

www.myrainbownursery.co.uk

明亮、多彩的卡通画风，温暖愉悦的使用体验，通过这些令人愉悦的卡通、妙趣横生的图像来打造一款网页设计，肯定效果会非常出众、极富娱乐性。

www.andreiacarqueija.com

几何图案，灰色背景，黑色矢量图形，粗字体。卡通插画是一个视觉亮点。